林业碳汇项目方法学

Methodologies for Forestry
Carbon Sequestration Projects

李金良　施志国　主编

中国林业出版社

图书在版编目(CIP)数据

林业碳汇项目方法学 / 李金良主编. —北京:中国林业出版社,2016.5
(碳汇中国系列丛书)
ISBN 978 – 7 – 5038 – 8512 – 9

Ⅰ. ①林… Ⅱ. ①李… Ⅲ. ①森林 – 二氧化碳 – 资源利用 – 项目管理 – 方法论 – 中国
Ⅳ. ①S718.5 – 03

中国版本图书馆 CIP 数据核字(2016)第 090861 号

中国林业出版社
责任编辑:李 顺 樊 菲
出版咨询:(010)83143569

出版:中国林业出版社(100009 北京西城区德内大街刘海胡同 7 号)
网站:http://lycb. forestry. gov. cn
印刷:北京卡乐富印刷有限公司
发行:中国林业出版社
电话:(010)83143500
版次:2016 年 8 月第 1 版
印次:2016 年 8 月第 1 次
开本:787mm×960mm 1/16
印张:15.75
字数:250 千字
定价:68.00 元

"碳汇中国"系列丛书编委会

主　任：张建龙

副主任：张永利　彭有冬

顾　问：唐守正　蒋有绪

主　编：李怒云

副主编：金　旻　周国模　邵权熙　王春峰
　　　　苏宗海　张柏涛

成　员：李金良　吴金友　徐　明　王光玉
　　　　袁金鸿　何业云　王国胜　陆　霁
　　　　龚亚珍　何　宇　施拥军　施志国
　　　　陈叙图　苏　迪　庞　博　冯晓明
　　　　戴　芳　王　珍　王立国　程昭华
　　　　高彩霞　John Innes

总　序

进入 21 世纪，国际社会加快了应对气候变化的全球治理进程。气候变化不仅仅是全球环境问题，也是世界共同关注的社会问题，更是涉及各国发展的重大战略问题。面对全球绿色低碳经济转型的大趋势，各国政府和企业和全社会都在积极调整战略，以迎接低碳经济的机遇与挑战。我国是世界上最大的发展中国家，也是温室气体排放增速和排放量均居世界第一的国家。长期以来，面对气候变化的重大挑战，作为一个负责任的大国，我国政府积极采取多种措施，有效应对气候变化，在提高能效、降低能耗等方面都取得了明显成效。

森林在减缓气候变化中具有特殊功能。采取林业措施，利用绿色碳汇抵销碳排放，已成为应对气候变化国际治理政策的重要内容，受到世界各国的高度关注和普遍认同。自 1997 年《京都议定书》将森林间接减排明确为有效减排途径以来，气候大会通过的巴厘路线图、哥本哈根协议等成果文件，都突出强调了林业增汇减排的具体措施。特别是在去年底结束的联合国巴黎气候大会上，林业作为单独条款被写入《巴黎协定》，要求 2020 年后各国采取行动，保护和增加森林碳汇，充分彰显了林业在应对气候变化中的重要地位和作用。长期以来，我国政府坚持把发展林业作为应对气候变化的有效手段，通过大规模推进造林绿化、加强森林经营和保护等措施增加森林碳汇。据统计，近年来在全球森林资源锐减的情况下，我国森林面积持续增长，人工林保存面积达 10.4 亿亩，居全球首位，全国森林植被总碳储量达 84.27 亿吨。联合国粮农组织全球森林资源评估认为，中国多年开展的大规模植树造林和天然林资源保护，对扭转亚洲地区森林资源下降趋势起到了重要支持作用，为全球生态安全和应对气候变化做出了积极贡献。

国家林业局在加强森林经营和保护、大规模推进造林绿化的同时，从2003 年开始，相继成立了碳汇办、能源办、气候办等林业应对气候变化管理机构，制定了林业应对气候变化行动计划，开展了碳汇造林试点，建立了全国碳汇计量监测体系，推动林业碳汇减排量进入碳市场交易。同时，广泛宣传普及林业应对气候变化和碳汇知识，促进企业捐资造林自愿减排。为进一步引导企业和个人等各类社会主体参与以积累碳汇、减少碳排放为主的植树造林公益活动。经国务院批准，2010年，由中国石油天燃气集团公司发起、国家林业局主管，在民政部登记注册成立了首家以增汇减排、应对气候变化为目的的全国性公募基金会——中国绿色碳汇基金会。自成立以来，碳汇基金会在推进植树造林、森林经营、减少毁林以及完善森林生态补偿机制等方面做了许多有益的探索。特别是在推动我国企业捐资造林、树立全民低碳意识方面创造性地开展了大量工作，收到了明显成效。2015年荣获民政部授予的"全国先进社会组织"称号。

增加森林碳汇，应对气候变化，既需要各级政府加大投入力度，也需要全社会的广泛参与。为进一步普及绿色低碳发展和林业应对气候变化的相关知识，近期，碳汇基金会组织编写完成了《碳汇中国》系列丛书，比较系统地介绍了全球应对气候变化治理的制度和政策背景，应对气候变化的国际行动和谈判进程，林业纳入国内外温室气体减排的相关规则和要求，林业碳汇管理的理论与实践等内容。这是一套关于林业碳汇理论、实践、技术、标准及其管理规则的丛书，对于开展碳汇研究、指导实践等具有较高的价值。这套丛书的出版，将会使广大读者特别是林业相关从业人员，加深对应对气候变化相关全球治理制度与政策、林业碳汇基本知识、国内外碳交易等情况的了解，切实增强加快造林绿化、增加森林碳汇的自觉性和紧迫性。同时，也有利于帮助广大公众进一步树立绿色生态理念和低碳生活理念，积极参加造林增汇活动，自觉消除碳足迹，共同保护人类共有的美好家园。

国家林业局局长

二〇一六年二月二日

前　言

林业具有生态、社会、经济等众多效益,兼具减缓与适应气候变化的双重功能,在应对气候变化中具有特殊地位并发挥着重要作用。在国内外碳市场中,林业碳汇项目减排量作为合格产品已进入碳市场并实现了交易、抵排。尤其是在自愿碳市场中,林业碳汇项目减排量已成为国内外富有社会责任感的企业、机构和公众自愿减排、履行社会责任的主要选择对象。国内外碳交易市场形成与培育成长的进程,给我国碳汇林业的发展带来了新的机遇与挑战。

应当说,林业碳汇项目开发是根据中国国情、林情,与国际接轨,在实践中探索的、专业性很强的新事物。我国林业和相关领域的科技、管理工作者对开发林业碳汇项目方法学等规则标准刚刚接触,还并不太熟悉,这在一定程度上影响到林业碳汇项目科学、规范和有序开发和管理的实践进程。

方法学,是指用于确定项目的基准线、论证额外性、计算减排量和制定监测计划等的方法指南。而林业碳汇项目方法学是开发林业碳汇项目的主要标准,是项目审定、核查、注册、签发减排量的重要依据,也是林业碳汇项目减排量达到"可计量、可报告、可核查"要求的基本保证。为适应我国碳汇林业发展的现实需要,我们将中国绿色碳汇基金会与有关单位专家共同编写且已获得国家发展改革委批准备案的 3 个中国温室气体自愿减排交易林业碳汇项目方法学即 AR-CM-001-V01《碳汇造林项目方法学(V01)》、AR-CM-002-V01《竹子造林碳汇项目方法学(V01)》、AR-CM-003-V01《森林经营碳汇项目方法学(V01)》,并与我们从国际自愿减排市场上影响最大的核证碳减排标准(VCS)的农林碳汇项目方法学中遴选并编译的在我国具有应用前景的林业方法学——VM0010《改进森林经营项目方法学:将用材林转变为保护林(V1.2)》一同汇编成书,并在书中系统地介绍 4 个林业碳汇项目方法学的适用条件、基线情景识别、额外性论证程序、减排量计算和监测计划制定等专业技术内容,我们对上述方法学中存在的错漏或不足之处进行了认真地修改完善,以供有关从业人员开发林业碳汇项目时查阅并参照使用,也可为社会各界人士关注、了解有关林业碳汇项目开发技术要求和管理规则时提供参考。

在此书付梓出版之际,谨向参与编写上述林业碳汇项目方法学的有关单位和专家表示诚挚的谢意,感谢你们为推动碳汇林业发展,积极应对气候变化所付出的心血与劳作,也愿你们的研究成果能为促进林业碳汇项目的开发、管理和不断丰富、完善相关的方法学标准规则发挥积极作用。

由于编(译)者水平有限,本书难免存在错漏之处,敬请读者批评指正。

编(译)者

2015 年 12 月

目　录

第一章 碳汇造林项目方法学

编制说明

为进一步推动以增加碳汇为主要目的的造林活动，规范国内碳汇造林项目设计文件编制和碳汇计量监测工作，确保碳汇造林项目所产出的中国核证减排量(下简称 CCER)达到可测量、可报告、可核查的要求，推动国内碳汇造林项目的自愿减排交易，特编制了《碳汇造林项目方法学》(版本号 V01)。

本方法学以《联合国气候变化框架公约》(下简称 UNFCCC)有关清洁发展机制(CDM)下造林再造林项目活动的最新方法学为主体框架，在参考和借鉴 CDM 造林再造林项目有关方法学工具、方式和程序，政府间气候变化专门委员会(下简称 IPCC)《国家温室气体清单编制指南》和《土地利用、土地利用变化与林业优良做法指南》、国际自愿减排市场造林再造林项目方法学和有关方法的基础上，结合我国碳汇林业做法和经验，经有关领域的专家学者及利益相关方反复研讨后编制而成，以保证本方法学既遵循国际规则又符合我国林业实际，注重方法学的科学性、合理性和可操作性。

本方法学同已有的类似方法学相比，具有如下特点：

1. 本方法学更符合中国林业和温室气体自愿减排的实际情况。本方法学参考引用的规范性文件，除了遵循 CDM 有关项目方法学及其相关程序和规则的基本要求外，主要参考了我国《温室气体自愿减排交易管理暂行办法》、《碳汇造林技术规定(试行)》、《碳汇造林检查验收办法(试行)》、《造林技术规程》等行业规范性文件和标准。例如：对于土地合格性的要求，本方法学要求至少是 2005 年 2 月 16 日以来的无林地，以区别于 CDM 再造林项目方法学所要求的 1990 年 1 月 1 日以来的无林地。

2. 本方法学基于中国林业的有关国家和行业标准，充分考虑中国林业工作者实际操作和表达习惯，对 CDM 方法学有关内容进行了调整和补充。例如使用习惯术语"碳汇量"取代"温室气体汇清除"、使用通用术语"项目减排量"取代"项目人为净温室气体汇清除量"等。

3. 本方法学对 CDM 项目有关过程和步骤进行了优化和简化，使本方法学更具有可操作性和成本有效性，更有利于本方法学的推广应用。例如：优化和简化了基线情景识别和额外性论证综合工具的过程和步骤；优化了灌木碳储量变化量的监测、取样和计算方法；简化了项目情景下枯落物、枯死木和土壤有机碳库的监测方法等。

4. 本方法学整合了国内众多研究成果，总结整理出了方法学中各类参数的缺省值和可供参考的回归方程，使之更适用于中国的碳汇造林项目。例如：提供了适用于我国的将不同树种（组）林木蓄积量换算为全株生物量的基本木材密度、生物量扩展因子、地下生物量/地上生物量之比、生物量含碳率等。同时还筛选出了我国不同地区、不同树种或森林类型的生物量参考方程等。

本方法学由国家林业局造林绿化管理司（气候办）组织编制并归口。

编写单位：中国林业科学研究院森林生态环境与保护研究所、大自然保护协会、国家林业局调查规划设计院、中国绿色碳汇基金会。

主要起草人：朱建华、张小全、张国斌、白彦锋、李金良。

1 引言

为满足中国温室气体自愿减排交易体系下造林项目碳汇计量与监测的要求，规范国内碳汇造林项目的计量和监测方法，推动以增加碳汇为主要目的的造林活动，确保项目产生的碳汇可测量、可报告、可核查，特开发制订了本《碳汇造林项目方法学》（版本号 V01）。本方法学参考了联合国气候变化框架公约（UNFCCC）有关清洁发展机制（CDM）下造林再造林项目活动的方法学及其工具、政府间气候变化专门委员会（IPCC）有关土地利用、土地利用变化和林业温室气体清单指南和优良做法指南，同时也参照了国际自愿市场造林再造林碳汇项目实施的一般要求等，并充分结合我国林业实际情况而制定。

本方法学参考了下列方法学、指南和方法学工具：

（1）国家林业局《造林项目碳汇计量与监测指南》（办造字［2011］18 号）

（2）IPCC《土地利用、土地利用变化和林业优良做法指南》（IPCC，2003）

（3）非湿地类 CDM 造林再造林项目活动的基线与监测方法学（AR-ACM0003）

（4）非湿地类小规模 CDM 造林再造林项目活动的基线与监测方法学（AR-AMS0007）

（5）CDM 造林再造林项目活动基线情景确定和额外性论证工具（EB35，Annex 19）

（6）CDM 造林再造林项目活动林木和灌木生物量及其变化的估算工具（EB 70，Annex 35）

（7）CDM 造林再造林项目活动监测样地数量的计算工具（EB 58，Annex 15）

（8）CDM 造林再造林项目活动估算林木地上生物量所采用的生物量方程的适用性论证工具（EB65，Annex 28）

（9）CDM 造林再造林项目活动估算林木生物量所采用的材积表或材积公式的适用性论证工具（EB67，Annex 24）

（10）CDM 造林再造林项目活动生物质燃烧造成非 CO_2 温室气体排放增加的估算工具（EB 65，Annex 31）

2 适用条件

本方法学适用于温室气体自愿减排交易体系下以增加碳汇为主要目的的碳汇造林项目活动(不包括竹子造林)的碳汇计量与监测。使用本方法学的碳汇造林项目活动必须满足以下条件:

(a)项目活动的土地是 2005 年 2 月 16 日以来的无林地。造林地权属清晰,具有县级以上人民政府核发的土地权属证书;

(b)项目活动的土地不属于湿地和有机土的范畴;

(c)项目活动不违反任何国家有关法律、法规和政策措施,且符合国家造林技术规程;

(d)项目活动对土壤的扰动符合水土保持的要求,如沿等高线进行整地、土壤扰动面积比例不超过地表面积的 10%,20 年内不重复扰动;

(e)项目活动不采取烧除的林地清理方式(炼山)以及其它人为火烧活动;

(f)项目活动不移除地表枯落物、不移除树根、枯死木及采伐剩余物;

(g)项目活动不会造成项目开始前农业活动(作物种植和放牧)的转移。

此外,使用本方法学时,还需满足有关步骤中的其它相关适用条件。

3 规范性引用文件

本方法学遵循下列规范性文件的规定:

(1)温室气体自愿减排交易管理暂行办法(国家发展和改革委员会,发改气候[2012]1668 号)

(2)碳汇造林技术规定(试行)(国家林业局,办造字[2010]84 号)

(3)碳汇造林检查验收办法(试行)(国家林业局,办造字[2010]84 号)

(4)国家森林资源连续清查技术规定(国家林业局,林资发[2004]25 号)

(5)GB/T26424 - 2010 森林资源规划设计调查技术规程

(6)GB/T15776 - 2006 造林技术规程

(7)LY/T1607 - 2003 造林作业设计规程

(8)GB/T18337.3 生态公益林建设技术规程

(9)GB/T15781 - 2009 森林抚育规程

4　定义

本方法学基于以下特定的定义：

碳汇造林：为区别于其它一般定义上的造林活动，本方法学特指以增加森林碳汇为主要目标之一，对造林和林木生长全过程实施碳汇计量和监测而进行的有特殊要求的项目活动。有关特殊要求参见第 2 节。

土壤扰动：是指如整地、松土、翻耕、挖除树桩（根）等活动，这些活动可能会导致土壤有机碳的降低。

湿地：湿地包括全年（或一年中大部分时间，如泥炭土）被水淹没或土壤水分处于饱和状态的土地，且不属于森林、农田、草地和居住用地的范畴。

有机土：指同时符合下列条件（1）和（2），或同时符合条件（1）和（3）的土壤：

（1）有机土层厚度≥10cm。如果有机土层厚度不足 20cm，则 20cm 深度土层内混合土壤的有机碳含量必须大于或等于 12%；

（2）对于极少处于水分饱和状态（一年内处于水分饱和状态不超过数天）的土壤，其有机碳含量必须大于 20%；

（3）对于经常处于水分饱和状态的土壤，则：

（a）不含粘粒的土壤，有机碳含量不低于 12%；

（b）粘粒含量≥60% 的土壤，有机碳含量不低于 18%；

（c）0 < 粘粒含量 <60% 的土壤，有机碳含量不低于 12% ~18%。

基线情景：指在没有碳汇造林项目活动时，最能合理地代表项目边界内土地利用和管理的未来情景。

项目情景：指拟议的碳汇造林项目活动下的土地利用和管理情景。

项目边界：是指由拥有土地所有权或使用权的项目业主或其他项目参与方实施的碳汇造林项目活动的地理范围。一个项目活动可以在若干个不同的地块上进行，但每个地块都应有特定的地理边界。该边界不包括位于两个或多个地块之间的土地。

计入期：指项目情景相对于基线情景产生额外的温室气体减排量的时间区间。

基线碳汇量：基线情景下项目边界内各碳库中的碳储量变化之和。

项目碳汇量：项目情景下项目边界内所选碳库中的碳储量变化量，减去由拟议的碳汇造林项目活动引起的项目边界内温室气体排放的增加量。

泄漏：指由拟议的碳汇造林项目活动引起的、发生在项目边界之外的、可测量的温室气体源排放的增加量。

项目减排量：指由于造林项目活动产生的净碳汇量。项目减排量等于项目碳汇量减去基线碳汇量，再减去泄漏量。

额外性：指项目碳汇量高于基线碳汇量的情形。这种额外的碳汇量在没有拟议的碳汇造林项目活动时是不会产生的。

碳库：包括地上生物量、地下生物量、枯落物、枯死木和土壤有机质碳库。

地上生物量：土壤层以上以干重表示的木本植被活体的生物量，包括干、桩、枝、皮、种子、花、果和叶等。

地下生物量：所有木本植被活根的生物量，但通常不包括难以从土壤有机成分或枯落物中区分出来的细根(直径≤2.0mm)。

枯落物：土壤层以上，直径小于≤5.0cm、处于不同分解状态的所有死生物量。包括凋落物、腐殖质，以及难以从地下生物量中区分出来的细根。

枯死木：枯落物以外的所有死生物量，包括枯立木、枯倒木以及直径≥5.0cm的枯枝、死根和树桩。

土壤有机质：一定深度内(通常为1.0m)矿质土和有机土(包括泥炭土)中的有机质，包括难以从地下生物量中区分出来的细根。

5 基线和碳计量方法

5.1 项目边界的确定

造林项目活动的"项目边界"是指，由拥有土地所有权或使用权的项目参与方实施的造林项目活动的地理范围，也包括以造林项目产生的产品为原材料生产的木产品的使用地点。项目边界包括事前项目边界和事后项目边界。事前项目边界是在项目设计和开发阶段确定的项目边界，是计划实施造林项目活动的地理边界。事前项目边界可采用下述方法之一确定：

(a)利用全球卫星定位系统(下简称GPS)或其它卫星定位系统，直接测定项目地块边界的拐点坐标，单点定位误差不超过5m。

(b)利用高分辨率的地理空间数据(如卫星影像、航片)、森林分布图、林相图、森林经营管理规划图等,在地理信息系统(下简称 GIS)辅助下直接读取项目地块的边界坐标。

(c)使用比例尺不小于 1∶10000 的地形图进行现场勾绘,结合 GPS 或其它卫星定位系统进行精度控制。

事后项目边界是在项目监测时确定的、项目核查时核实的、实际实施的项目活动的边界。事后项目边界可采用上述(a)或(b)方法之一进行,面积测定误差不超过 5%。

在项目审定和核查时,项目业主或其他项目参与方须提交项目边界的矢量图形文件。在项目审定时,项目业主或其他项目参与方须提供占项目活动总面积三分之二或以上的项目业主或其他项目参与方的土地所有权或使用权的证据。在首次核查时,项目业主或其他项目参与方须提供所有项目地块的土地所有权或使用权的证据,如县(含县)级以上人民政府核发的土地权属证书或其他有效的证明材料。

5.2 土地合格性

项目业主或其他项目参与方须采用下述程序证明项目边界内的土地合格性:

(a)提供透明的信息证明,在项目开始时项目边界内每个地块的土地均符合下列所有条件:

(1)自 2005 年 2 月 16 日起,项目活动所涉及的每个地块上的植被状况达不到我国政府规定的森林标准,即植被状况不能同时满足下列所有条件:①连续面积≥0.0667 公顷(hm^2);②郁闭度≥0.20;③成林后树高≥2 米(m);

(2)如果地块上有天然或人工幼树,其继续生长不会达到我国政府规定的森林的阈值标准。

(b)为证明上述(a),项目业主或参与方须提供下列证据之一,用于证明项目的每个地块的土地合格性:

(1)经过地面验证的高分辨率的地理空间数据(如卫星影像、航片);或

(2)森林分布图、林相图或其他林业调查规划空间数据;或

(3)土地权属证或其他可用于证明的书面文件。

如果没有上述(b)的资料,项目业主或其他项目参与方须呈交通过参与

式乡村评估(PRA)方法获得的书面证据。

5.3 碳库和温室气体排放源的选择

本方法学对项目活动的碳库选择如表 5-1。其中地上生物量和地下生物量碳库是必须要选择的碳库。项目参与方可以根据实际数据的可获得性、成本有效性、保守性原则，选择是否忽略枯死木、枯落物、土壤有机碳和木产品碳库。

表 5-1　碳库的选择

碳库	是否选择	理由或解释
地上生物量	是	这是项目活动产生的主要碳库
地下生物量	是	这是项目活动产生的主要碳库
枯死木	是或否	根据方法学的适用条件，项目活动的实施会增加这个碳库；也可以保守地忽略该碳库。
枯落物	是或否	根据方法学的适用条件，项目活动的实施会增加这个碳库；也可以保守地忽略该碳库。
土壤有机碳	是或否	根据方法学的适用条件，项目活动的实施会增加这个碳库；也可以保守地忽略该碳库。
木产品	是或否	根据方法学的适用条件，项目活动的实施会增加这个碳库；也可以保守地忽略该碳库。

本方法学对项目边界内温室气体排放源的选择如表 5-2：

表 5-2　温室气体排放源的选择

温室气体排放源	温室气体种类	是否选择	理由或解释
生物质燃烧	CO_2	否	生物质燃烧导致的 CO_2 排放已在碳储量变化中考虑
	CH_4	是	有森林火灾发生，会导致生物质燃烧产生 CH_4 排放
		否	没有森林火灾发生
	N_2O	是	有森林火灾发生，会导致生物质燃烧产生 N_2O 排放
		否	没有森林火灾发生

5.4 项目期和计入期

项目业主或其他项目参与方必须准确说明项目活动的开始时间、计入期和项目期，并解释选择的理由。

项目活动开始时间是指实施造林项目活动开始的日期，不得早于 2005

年 2 月 16 日。如果项目活动的开始时间早于向国家主管部门提交备案的时间，项目业主或其他项目参与方必须提供透明的、可核实的证据，证明项目活动最初的主要目的是为了实现温室气体减排。这些证据必须是发生在项目开始之时或之前的官方的、或有法律效力的文件。

计入期是指项目活动相对于基线情景所产生的额外的温室气体减排量的时间区间。计入期按国家主管部门规定的方式确定。在颁布相关规定以前，计入期的起止时间应与项目期相同。计入期最短为 20 年，最长不超过 60 年。

项目期是指自项目活动开始到项目活动结束的间隔时间。

5.5　基线情景识别与额外性论证

造林项目活动基线情景的识别须具有透明性，基于保守性原则确定基线碳汇量。项目业主或其他项目参与方要提供所有与额外性论证相关的数据、原理、假设、理由和文本，由主管部门认可的独立第三方机构进行可信度评估。项目业主或其他项目参与方可选用下述简化的方法来识别造林项目活动的基线情景并论证其额外性：

5.5.1　基线情景的识别

识别在没有拟议的造林项目活动的情况下，项目边界内有可能会发生的各种真实可靠的土地利用情景。可以根据当地土地利用情况的记录、实地调查资料、根据利益相关者提供的数据和反馈信息等途径来识别可能的土地利用情景。还可以走访当地专家、调研土地所有者或使用者在拟议的项目运行期间关于土地管理或土地投资的计划。

从上述识别的土地利用情景中，遴选出不违反任何现有的法律法规、其他强制性规定、以及国家或地方技术标准的土地利用情景。可以不考虑不具法律约束力或尚未强制执行的法律和规章制度，但要证明这类法律或规章制度至少覆盖了项目所在地最小行政单元(行政村、乡镇或以上)30% 以上的面积，即在当地具有普适性。

（a）如果遴选结果为 0，或只具有 1 个土地利用情景，则拟议的项目活动不具有额外性；

（b）如果遴选结果不止 1 个土地利用情景，则继续进行下述 5.5.2 "障碍分析"。

5.5.2　障碍分析

对 5.5.1 遴选出的多个土地利用情景进行障碍分析，识别可能会存在的障碍。这里的"障碍"是指至少会阻碍其中一种土地利用情景实现的障碍，主要包括：

（1）投资障碍。如：缺少财政补贴或非商业性投资；没有来自国内或国际的民间资本；不能进行融资；缺少信贷的途径等。

（2）制度障碍。如：国家或地方政策与法规发生变化可能带来的风险；缺乏与土地利用相关的立法与执行保障等。

（3）技术障碍。如：缺少必需的材料（如种植材料）；缺少有关设备和技术；缺少法律、传统、市场条件和实践措施等相关知识；缺乏有技能的和接受过良好培训的劳动力等。

（4）生态条件障碍。如：土地退化；存在自然或人为灾害；不利的气候条件；不利的生态演替过程；放牧或饲料生产对生物需求的压力等。

（5）社会条件障碍。如：人口增长导致的土地需求压力；当地利益集团之间的社会冲突；普遍存在非法放牧、盗砍盗伐行为；缺乏当地社区组织等。

（6）其它障碍。如：不同利益相关者对公共土地所有权等级限制；缺乏土地所有权法律法规的保障；缺乏有效的市场和保险机制，项目运行期内存在产品价格波动风险；与市场服务、运输和存储相关的障碍降低了产品竞争性和项目收益等。

剔除因受上述至少一种障碍影响而不能实现的土地利用情景，保留不受任何障碍影响的土地利用情景：

（a）如果只有1种土地利用情景不受上述任何障碍的影响：

①如果该土地利用情景就是拟议的项目活动，则不具有额外性；

②如果该土地利用情景不是拟议的项目活动，则该土地利用情景为基线情景，并进行下述5.5.4普遍性做法分析；

（b）如果不受任何障碍影响的土地利用情景有多个：

①如果拟议的项目活动包括在上述土地利用情景之内，则需进行下述5.5.3投资分析；

②如果拟议的项目活动不包括在上述土地利用情景之内，则需定量评估每个土地利用情景下的减排量，选择其中减排量最高的情景作为基线情景，并进行5.5.4普遍性做法分析。

5.5.3 投资分析

对5.5.2中（b）①遴选出的情景进行投资分析，确定其中哪一种情景最具经济吸引力或收益最高。投资分析可以采用简单成本分析、投资对比分析或基准线分析法，选择其中净收益最高的土地利用情景作为基线情景。但如果该情景就是拟议的项目活动，则项目不具有额外性。

5.5.4 普遍性做法分析

这里的"普遍性做法"是指在项目地块所在区域、或在类似的社会经济和生态环境条件下、普遍实施的与拟议的项目活动相类似的造林活动，包括那些由具有可比性的实体或机构(如大公司、小公司、国家政府项目、地方政府项目等)实施的造林项目活动和那些在具有可比性的地理范围、地理位置、环境条件、社会经济条件、制度框架以及投资环境下的造林项目活动，也包括 2005 年 2 月 16 日以前制定的土地利用规划方案。对拟议的项目活动和"普遍性做法"的造林活动进行比较分析，并评价二者是否存在本质区别。

(a)如果类似的造林活动确实存在，而拟议的项目活动和类似活动不存在本质区别，那么拟议的项目活动就不具有额外性；

(b)如果拟议的项目活动不属于普遍性做法，则拟议的项目活动不是基线情景，因而具有额外性。

5.6 碳层划分

项目边界内生物量的分布往往是不均匀的。为提高生物量估算的精度并降低监测成本，可采用分层抽样(分类抽样)的方法调查生物量。为了更精确地估算项目碳汇量和减排量，基线情景和项目情景可能需要采用不同的分层因子，划分不同的层次(或称为类型、亚总体)。碳层划分的目的是降低层内变异性，增加层间变异性，从而降低一定可靠性和精度要求下所需监测的样地数量。

分层分为"事前分层"和"事后分层"。其中，事前分层又分为"事前基线分层"和"事前项目分层"。"事前基线分层"通常根据主要植被类型、植被冠层盖度和(或)土地利用类型进行分层；"事前项目分层"主要根据项目设计的造林或营林模式(如树种、造林时间、间伐、轮伐期等)进行分层。如果在项目边界内由于自然或人为影响(如火灾)或其他因素(如土壤类型)导致生物量分布格局发生显著变化，则应对事后分层作出相应调整。

5.7 基线碳汇量

基线碳汇量，是指在基线情景下项目边界内各碳库的碳储量变化量之和。

根据本方法学的适用条件，在无林地上造林，基线情景下的枯死木、枯落物、土壤有机质和木产品碳库的变化量可以忽略不计，统一视为 0。因此，基线碳汇量只考虑林木和灌木生物质碳储量的变化量。

$$\Delta C_{BST,t} = \Delta C_{TREE\_BSL,t} + \Delta C_{SHRUB\_BSL,t} \qquad 公式（1）$$

式中：

$\Delta C_{BSL,t}$	第 t 年的基线碳汇量，$tCO_2e \cdot a^{-1}$
$\Delta C_{TREE\_BSL,t}$	第 t 年时，项目边界内基线林木生物质碳储量变化量，$tCO_2e \cdot a^{-1}$
$\Delta C_{SHRUB\_BSL,t}$	第 t 年时，项目边界内基线灌木生物质碳储量变化量，$tCO_2e \cdot a^{-1}$

5.7.1 基线林木生物质碳储量变化量

根据划分的基线碳层，计算各基线碳层的林木生物质碳储量的年变化量之和，即为基线林木生物质碳储量的年变化量（$\Delta C_{TREE\_BSL,t}$）。

$$\Delta C_{TREE\_BSL,t} = \sum_{i=1} \Delta C_{TREE\_BSL,i,t} \qquad 公式（2）$$

式中：

$\Delta C_{TREE\_BSL,t}$	第 t 年时，基线林木生物质碳储量变化量，$tCO_2e \cdot a^{-1}$
$\Delta C_{TREE\_BSL,i,t}$	第 t 年时，第 i 基线碳层林木生物质碳储量变化量，$tCO_2e \cdot a^{-1}$
i	1，2，3，…，基线碳层
t	1，2，3，…，自项目开始以来的年数

假定一段时间内（第 t_1 至 t_2 年）基线林木生物量的变化是线性的，基线林木生物质碳储量的年变化量（$\Delta C_{TREE\_BSL,i,t}$）计算如下：

$$\Delta C_{TREE\_BSL,i,t} = \frac{C_{TREE\_BSL,i,t_2} - C_{TREE\_BSL,i,t_1}}{t_2 - t_1} \qquad 公式（3）$$

式中：

$\Delta C_{TREE\_BSL,i,t}$	第 t 年时，第 i 基线碳层林木生物质碳储量变化量，$tCO_2e \cdot a^{-1}$
$C_{TREE\_BSL,i,t}$	第 t 年时，第 i 基线碳层林木生物质碳储量，tCO_2e
t	1，2，3，…，自项目开始以来的年数
t_1，t_2	项目开始以后的第 t_1 年和第 t_2 年，且 $t_1 \leq t \leq t_2$

林木生物质碳储量是利用林木生物量含碳率将林木生物量转化为碳含量，再利用 CO_2 与 C 的分子量(44/12)比将碳含量(t C)转换为二氧化碳当量(tCO_2e)：

$$C_{TREE\_BSL,i,t} = \frac{44}{12} * \sum_{j=1} (B_{TREE\_BSL,i,j,t} * CF_{TREE\_BSL,j}) \qquad 公式(4)$$

式中：

$C_{TREE\_BSL,i,t}$	第 t 年时，第 i 基线碳层林木生物质碳储量，tCO_2e
$B_{TREE\_BSL,i,j,t}$	第 t 年时，基线第 i 基线碳层树种 j 的生物量，t
$CF_{TREE\_BSL,j}$	树种 j 的生物量中的含碳率，$tC \cdot t^{-1}$
44/12	CO_2 与 C 的分子量之比

项目参与方可以根据下述从优至劣的方法，选择采用其中的一个方法来估算基线林木生物量($B_{TREE\_BSL,i,j,t}$)：

方法 Ⅰ：生物量方程法

$$B_{TREE\_BSL,i,j,t} = f(x1_{i,j,t}，x2_{i,j,t}，x3_{i,j,t}，\cdots) * N_{TREE\_BSL,i,j,t} * A_{TREE\_BSL,i} \qquad 公式(5)$$

式中：

$B_{TREE\_BSL,i,j,t}$	第 t 年时，第 i 基线碳层树种 j 的生物量，t
$f_j(x1_{i,j,t}，x2_{i,j,t}，x3_{i,j,t}，\cdots)$	用于计算第 t 年第 i 基线碳层树种 j 的平均单株林木地上生物量的回归方程，其中测树因子($x1$，$x2$，$x3$，$\cdots$)可以是胸径、树高等，$t \cdot 株^{-1}$
$R_{TREE\_BSL,j}$	树种 j 的地下生物量/地上生物量之比，无量纲
$N_{TREE\_BSL,i,j,t}$	第 t 年时，第 i 基线碳层的树种 j 的株数，$株 \cdot hm^{-2}$

$A_{TREE\_BSL,i}$ 第 i 基线碳层的面积，hm^2

j 1，2，3，…，第 i 基线碳层中的树种

i 1，2，3，…，基线基线碳层

t 1，2，3，…，项目活动开始以来的年数

方法Ⅱ：生物量扩展因子法

通过林木的胸径(下简称 DBH)或二元 DBH 和树高(下简称 H)，查一元或二元材积表或运用材积公式测算出林木树干材积；利用基本木材密度(下简称 D)和生物量扩展因子(下简称 BEF)将林木树干材积转化为林木地上生物量；再利用地下生物量/地上生物量的比值(下简称 R)将地上生物量转化为林木生物量：

$$B_{TREE\_BSL,i,j,t} =$$
$$V_{TREE\_BSL,i,j,t} * D_{TREE\_BSL,j} * BEF_{TREE\_BSL,j} * (1 + R_{TREE\_BSL,j}) * N_{TREE\_BSL,i,j,t} * A_{BSL,i}$$

公式(6)

式中：

$B_{TREE\_BSL,i,j,t}$ 第 t 年时，第 i 基线碳层树种 j 的生物量，t

$V_{TREE\_BSL,i,j,t}$ 第 t 年，第 i 基线碳层树种 j 的平均单株材积，是通过平均胸径或平均胸径和树高数据查材积表或将数据代入材积方程计算得来，$m^3 \cdot 株^{-1}$

$D_{TREE\_BSL,j}$ 第 i 基线碳层树种 j 的基本木材密度(带皮)，$t \cdot m^{-3}$

$BEF_{TREE\_BSL,j}$ 第 i 基线碳层树种 j 的生物量扩展因子，用于将树干材积转化为林木地上生物量，无量纲

$R_{TREE\_BSL,j}$ 树种 j 的地下生物量/地上生物量之比，无量纲

$N_{TREE\_BSL,i,j,t}$ 第 t 年时，第 i 基线碳层树种 j 的株数，$株 \cdot hm^{-2}$

$A_{BSL,i}$ 第 i 基线碳层的面积，hm^2

i 1，2，3，…，基线碳层

j 1，2，3，…，树种

t	1，2，3，…，项目活动开始以后的年数

5.7.2　基线灌木生物质碳储量的变化

假定一段时间内(第 t_1 至 t_2 年)灌木生物量的变化是线性的，基线灌木生物质碳储量的年变化量($\Delta C_{SHRUB\_BSL,t}$)计算如下：

$$\Delta C_{SHRUB\_BSL,t} = \sum_{i=1} \Delta C_{SHRUB\_BSL,i,t} = \sum_{i=1} \left(\frac{C_{SHRUB\_BSL,i,t_2} - C_{SHRUB\_BSL,i,t_2}}{t_2 - t_1} \right) \qquad 公式(7)$$

式中：

$\Delta C_{SHURB\_BSL,t}$	第 t 年时，基线灌木生物质碳储量变化量，$tCO_2e \cdot a^{-1}$
$\Delta C_{SHRUB\_BSL,i,t}$	第 t 年时，第 i 基线碳层灌木生物质碳储量变化量，$tCO_2e \cdot a^{-1}$
$C_{SHRUB\_BSL,i,t}$	第 t 年时，第 i 基线碳层灌木生物质碳储量，tCO_2e
i	1，2，3，…，基线碳层
t	1，2，3，…，自项目开始以来的年数
t_1, t_2	项目开始以后的第 t_1 年和第 t_2 年，且 $t_1 \leqslant t \leqslant t_2$

第 t 年时项目边界内基线灌木生物质碳储量计算方法如下：

$$C_{SHRUB\_BSL,i,t} = \frac{44}{12} * B_{SHRUB\_BSL,i,t} * (1 + R_S) * CF_S * A_{BSL,i,t} \qquad 公式(8)$$

式中：

$C_{SHRUB\_BSL,i,t}$	第 t 年时，第 i 基线碳层灌木生物质碳储量，tCO_2e
CF_S	灌木生物量中的含碳率，$tC \cdot t^{-1}$，缺省值为 0.47
R_S	灌木的地下生物量/地上生物量之比，无量纲
$A_{BSL,i,t}$	第 t 年时，第 i 基线碳层的面积，hm^2
$B_{SHRUB\_BSL,i,t}$	第 t 年时，第 i 基线碳层平均每公顷灌木地上生物量，$t \cdot hm^{-2}$
i	1，2，3，…，基线碳层

t	1，2，3，…，自项目开始以来的年数
44/12	CO_2 与 C 的分子量之比

平均每公顷灌木地上生物量采用"缺省值"法进行估算：

（1）灌木盖度 <5% 时，平均每公顷灌木地上生物量视为 0；

（2）灌木盖度 ≥5% 时，按下列方式进行估算：

$$B_{SHRUB\_BSL,i,t} = BDR_{SF} * B_{FOREST} * CC_{SHRUB\_BSL,i,t} \qquad 公式（9）$$

式中：

$B_{SHRUB\_BSL,i,t}$	第 t 年时，第 i 基线碳层平均每公顷地上灌木生物量，$t \cdot hm^{-2}$
BDR_{SF}	灌木盖度为 1.0 时的平均每公顷灌木地上生物量，与项目实施区域的平均每公顷森林地上生物量的比值，无量纲
B_{FOREST}	项目实施区域的平均每公顷森林地上生物量；$t \cdot hm^{-2}$
$CC_{SHRUB\_BSL,i,t}$	第 t 年时，第 i 基线碳层的灌木盖度，以小数表示（如盖度为 10%，则 $CC_{SHRUB,i,t}=0.10$），无量纲
i	1，2，3，…，基线碳层
t	1，2，3，…，自项目开始以来的年数

5.8 项目碳汇量

项目碳汇量，等于拟议的项目活动边界内各碳库中碳储量变化之和，减去项目边界内产生的温室气体排放的增加量，即：

$$\Delta C_{ACTURAL,t} = \Delta C_{P,t} - GHG_{E,t} \qquad 公式（10）$$

式中：

$\Delta C_{ACTURAL,t}$	第 t 年时的项目碳汇量，$tCO_2e \cdot a^{-1}$
$\Delta C_{P,t}$	第 t 年时项目边界内所选碳库的碳储量变化量，$tCO_2e \cdot a^{-1}$

$GHG_{E,t}$　　第 t 年时由于项目活动的实施所导致的项目边界内非 CO_2 温室气体排放的增加量，项目事前预估时设为 0，$tCO_2e \cdot a^{-1}$

第 t 年时，项目边界内所选碳库碳储量变化量的计算方法如下：

$$\Delta C_{P,t} = \Delta C_{TREE\_PROJ,t} + \Delta C_{SHRUB\_PROJ,t} + \Delta C_{DW\_PROJ,t} + \Delta C_{LI\_PROJ,t} + \Delta SOC_{AL,t} + \Delta C_{HWP\_PROJ,t}$$　　公式（11）

式中：

$\Delta C_{P,t}$　　第 t 年时，项目边界内所选碳库的碳储量变化量，$tCO_2e \cdot a^{-1}$

$\Delta C_{TREE\_PROJ,t}$　　第 t 年时，项目边界内林木生物质碳储量变化量，$tCO_2e \cdot a^{-1}$

$\Delta C_{SHRUB\_PROJ,t}$　　第 t 年时，项目边界内灌木生物质碳储量变化量，$tCO_2e \cdot a^{-1}$

$\Delta C_{DW\_PROJ,t}$　　第 t 年时，项目边界内枯死木碳储量变化量，$tCO_2e \cdot a^{-1}$

$\Delta C_{LI\_PROJ,t}$　　第 t 年时，项目边界内枯落物碳储量变化量，$tCO_2e \cdot a^{-1}$

$\Delta SOC_{AL,t}$　　第 t 年时，项目边界内土壤有机碳储量变化量，$tCO_2e \cdot a^{-1}$

$\Delta C_{HWP\_PROJ,t}$　　第 t 年时，项目情景下收获木产品碳储量的年变化量，$tCO_2e \cdot a^{-1}$

5.8.1　项目边界内林木生物质碳储量变化量

项目边界内林木生物质碳储量变化量（$\Delta C_{TREE\_PROJ,t}$）的计算方法如下：

$$\Delta C_{TREE\_PROJ,t} = \sum_{i=1} \Delta C_{TREE\_PROJ,i,t} = \sum_{i=1} \left(\frac{C_{TREE\_PROJ,i,t} - C_{TREE\_PROJ,i,t_1}}{t_2 - t_1} \right)$$

公式（12）

$$C_{TREE\_PROJ,i,t} = \frac{44}{12} * \sum_{j=1} (B_{TREE\_PROJ,i,j,t} * CF_{TREE\_PROJ,j}) \qquad\text{公式(13)}$$

式中：

$\Delta C_{TREE\_PROJ,t}$	第 t 年时，项目边界内林木生物质碳储量变化量，$tCO_2e \cdot a^{-1}$
$\Delta C_{TREE\_PROJ,i,t}$	第 t 年时，第 i 项目碳层林木生物质碳储量变化量，$tCO_2e \cdot a^{-1}$
$C_{TREE\_PROJ,i,t}$	第 t 年时，第 i 项目碳层林木生物质碳储量，tCO_2e
$B_{TREE\_PROJ,i,j,t}$	第 t 年时，第 i 项目碳层树种 j 的生物量，t
$CF_{TREE\_PROJ,j}$	树种 j 生物量中的含碳率，$tC \cdot t^{-1}$
t_1，t_2	项目开始以后的第 t_1 年和第 t_2 年，且 $t_1 \leq t \leq t_2$
i	1，2，3，…，项目碳层
j	1，2，3，…，树种
t	1，2，3，…，自项目开始以来的年数

项目边界内林木生物量（$B_{TREE\_PROJ,i,j,t}$）的估算，可以采用 5.7.1 中的"生物量方程法"或"生物量扩展因子法"进行计算，但要保证与基线情景下选择的计算方法一致。

实际计算时，用字母下标"$_{PROJ}$"代替公式（6）和公式（5）中的字母下标"$_{BSL}$"，如：用 $B_{TREE\_PROJ,i,j,t}$ 代替的 $B_{TREE\_BSL,i,j,t}$。

5.8.2 项目边界内灌木生物质碳储量变化量

项目边界内灌木生物质碳储量变化量（$\Delta C_{SHURB\_PROJ,t}$）的计算方法，与基线灌木生物质碳储量变化量的计算方法相同，采用公式（7）、公式（8）进行计算。项目边界内灌木生物量的计算方法采用公式（9）。

实际计算时，用字母下标"$_{PROJ}$"代替公式中的字母下标"$_{BSL}$"，如：用 $\Delta C_{SHURB\_PROJ,t}$ 代替 $\Delta C_{SHURB\_BSL,t}$。

5.8.3 项目边界内枯死木碳储量变化量

枯死木碳储量，采用缺省因子法进行计算。假定一段时间内枯死木碳储量的年变化量为线性，一段时间内枯死木碳储量的平均年变化量的计算公式

如下:

$$\Delta C_{DW\_PROJ,t} \sum_{i=1} \left(\frac{C_{DW\_PROJ,i,t_2} - C_{DW\_PROJ,i,t_1}}{t_2 - t_1} \right) \qquad 公式(14)$$

$$C_{DW\_PROJ,i,t} = C_{TREE\_PROJ,i,t} * DF_{DW} \qquad 公式(15)$$

式中:

$\Delta C_{DW\_PROJ,t}$	第 t 年时,项目边界内枯死木碳储量变化量,tCO_2e $\cdot a^{-1}$
$C_{DW\_PROJ,i,t}$	第 t 年时,第 i 项目碳层的枯死木碳储量,tCO_2e
$C_{TREE\_PROJ,i,t}$	第 t 年时,第 i 项目碳层的林木生物质碳储量,tCO_2e
DF_{DW}	保守的缺省因子,是项目所在地区森林中枯死木碳储量与活立木生物质碳储量的比值,无量纲
t_1,t_2	项目开始以后的第 t_1 年和第 t_2 年,且 $t_1 \leqslant t \leqslant t_2$
i	1,2,3,…,项目碳层

5.8.4 项目边界内枯落物碳储量变化量

枯落物碳储量采用缺省因子法进行计算。假定一段时间内枯落物碳储量的年变化量为线性,一段时间内枯落物碳储量的平均年变化量的计算公式如下:

$$\Delta C_{LI\_PROJ,t} = \sum_{i=1} \left(\frac{C_{LI\_PROJ,i,t_2} - C_{LI\_PROJ,i,t_1}}{t_2 - t_1} \right) \qquad 公式(16)$$

$$C_{LI\_PROJ,i,t} = C_{TREE\_PROJ,i,t} * DF_{LI} \qquad 公式(17)$$

式中:

$\Delta C_{LI\_PROJ,t}$	第 t 年时,项目边界内枯落物碳储量变化量,tCO_2e $\cdot a^{-1}$
$C_{LI\_PROJ,i,t}$	第 t 年时,第 i 项目碳层的枯落物碳储量,tCO_2e
$C_{TREE\_PROJ,i,t}$	第 t 年时,第 i 项目碳层的林木生物质碳储量,tCO_2e
DF_{LI}	保守的缺省因子,是项目所在地区森林中枯落物碳储量与活立木生物质碳储量的比值,无量纲

| t_1，t_2 | 项目开始以后的第 t_1 年和第 t_2 年，且 $t_1 \leq t \leq t_2$ |
| i | 1，2，3，…，项目碳层 |

5.8.5 项目边界内土壤有机碳储量变化量

在估算土壤有机碳储量变化量时，本方法学采用以下假设：

（1）项目整地和造林活动在同一年进行；

（2）项目的实施将使项目地块的土壤有机碳含量从项目开始前的初始水平提高到相当于天然森林植被下土壤有机碳含量的稳态水平，大约需要 20 年时间；

（3）从造林活动开始后的 20 年间，项目情景下土壤有机碳储量的增加是线性的；

（4）造林前的整地活动对土壤的扰动面积不超过地表面积的 10% 时，土壤扰动造成的土壤有机碳损失忽略不计。

首先确定项目开始前各项目地块的土壤有机碳含量初始值（$SOC_{INITIAL,i}$）。项目参与方可以通过国家规定的标准操作程序直接测定项目开始前各碳层的 $SOC_{INITIAL,i}$；也可以采用下列方法估算项目开始前各碳层的 $SOC_{INITIAL,i}$：

$$SOC_{INTITLAL,t} = SOC_{REF,i} * f_{LU,i} * f_{MG,i} * f_{IN,t} \qquad 公式（18）$$

式中：

$SOC_{INITIAL,i}$	项目开始时，第 i 项目碳层的土壤有机碳储量，$tC \cdot hm^{-2}$
$SOC_{REF,i}$	与第 i 项目碳层具有相似气候、土壤条件的当地自然植被（如：当地未退化的、未利用土地上的自然植被）下土壤有机碳储量的参考值，$tC \cdot hm^{-2}$
$f_{LU,i}$	第 i 项目碳层与基线土地利用方式相关的碳储量变化因子，无量纲
$f_{MG,i}$	第 i 项目碳层与基线管理模式相关的碳储量变化因子，无量纲
$f_{IN,i}$	第 i 项目碳层与基线有机碳输入类型（如农作物秸秆还田、施用肥料）相关的碳储量变化因子，无量纲

i　　　　　　　　1，2，3，…，项目碳层

$SOC_{REF,i}$、$f_{LU,i}$、$f_{MG,i}$ 和 $f_{IN,i}$ 的取值，可参考本方法学中的参数表。如果选取其它不同的数值，须提供透明和可核实的信息来证明。

确定第 i 项目碳层的造林时间（即由于整地发生土壤扰动的时间，$t_{PREP,i}$）。对于项目开始以后的第 t 年，如果：

（1）$t \leqslant t_{PREP,i}$，则第 t 年时第 i 项目碳碳层的土壤有机碳储量的年变化率（$dSOC_{t,i}$）为 0；

（2）$t_{PREP,i} < t \leqslant t_{PREP,i} + 20$，则：

$$dSOC_{i,t} = \frac{SOC_{REF,i} - SOC_{INITIAL,i}}{20} \qquad\qquad 公式（19）$$

式中：

$dSOC_{t,i}$	第 t 年时，第 i 项目碳层的土壤有机碳储量年变化率，$tC \cdot hm^{-2} \cdot a^{-1}$
$SOC_{REF,i}$	与第 i 项目碳层具有相似气候、土壤条件的当地自然植被（如：当地未退化的、未利用土地上的自然植被）下土壤有机碳储量的参考值，$tC \cdot hm^{-2}$
$SOC_{INITIAL,i}$	项目开始时，第 i 项目碳层的土壤有机碳储量，$tC \cdot hm^{-2}$
i	1，2，3，…，项目碳层
20	假定项目地块的土壤有机碳含量从初始水平提高到相当于当地自然植被下土壤有机碳含量的稳态水平需要 20 年时间

由于本方法学采用了基于因子的估算方法。考虑到其精度的不确定性和内在局限性，实际计算过程中土壤有机碳库碳储量的年变化率一般不超过 $0.8\ tC \cdot hm^{-2} \cdot a^{-1}$，即：

如果 $dSOC_{t,i} > 0.8\ tC \cdot hm^{-2} \cdot a^{-1}$，则

$$dSOC_{t,i} = 0.8\ tC \cdot hm^{-2} \cdot a^{-1} \qquad\qquad 公式（20）$$

第 t 年时，所有项目碳层的土壤有机碳储量变化量的估算公式如下：

$$\Delta SOC_{AL,t} = \frac{44}{12} * \sum_{i=1} (A_{i,t} * dSOC_{t,i} * 1) \qquad \text{公式（21）}$$

式中：

$\Delta SOC_{AL,t}$　　第 t 年时，所有项目碳层的土壤有机碳储量的年变化量，$tCO_2e \cdot a^{-1}$

$dSOC_{t,i}$　　第 t 年时，第 i 项目碳层的土壤有机碳储量年变化率，$tC \cdot hm^{-2} \cdot a^{-1}$

$A_{t,i}$　　第 t 年时，第 i 项目碳层的土地面积，hm^2

i　　1，2，3，…，项目碳层

t　　1，2，3，…，项目开始以后的时间

1　　1 年

理论上造林活动可能会使项目地块的土壤有机碳储量的增加。但由于土壤有机碳储量及其变化的监测成本较高、监测结果的不确定性较大，基于保守性原则、成本有效性原则和降低不确定性原则，项目参与方可以选择对土壤有机碳库的增加量忽略不计。

5.8.6　项目边界内收获的木产品碳储量的变化

如果项目情景下有采伐情况发生，则项目木产品碳储量的长期变化，等于在项目期末或产品生产后 30 年（以时间较后者为准）仍在使用和进入垃圾填埋的木产品中的碳，而其他部分则假定在生产木产品时立即排放。对于项目事前和事后估计，项目木产品碳储量的变化均采用以下方法进行估算：

$$\Delta C_{HWP\_PROJ,t} = \sum_{ty=1} \sum_{j=1} \left[(C_{STEM\_PROJ,j,t} * TOR_{ty,j}) * (1 - WW_{ty}) * OF_{ty} \right]$$

$$\text{公式（22）}$$

$$C_{STEM\_PROJ,j,t} = V_{TREE\_PROJ\_H,j,t} * WD_1 * CF_j * \frac{44}{12} \qquad \text{公式（23）}$$

$$OF_{ty} = e^{\left[-\ln(2) * WT/LT_{ty} \right]} \qquad \text{公式（24）}$$

式中：

$\Delta C_{HWP\_PROJ,t}$　　第 t 年时，项目产生的木产品碳储量的变化量，$tCO_2e \cdot a^{-1}$

$C_{STEM\_PROJ,j,t}$	第 t 年时，项目采伐的树种 j 的树干生物质碳储量。如果采伐利用的是整株树木（包括干、枝、叶等），则为地上生物质碳储量（$C_{AB\_PROJ,j,t}$），采用 5.7.1 中的方法进行计算，tCO_2e
$V_{TREE\_PROJ\_H,j,t}$	第 t 年时，项目采伐的树种 j 的蓄积量，m^3
WD_j	树种 j 的基本木材密度，$t \cdot m^{-3}$
CF_j	树种 j 的生物量中的含碳率，$tC \cdot t^{-1}$
$TOR_{ty,j}$	采伐树种 j 用于生产加工 ty 类木产品的出材率，无量纲
WW_{ty}	加工 ty 类木产品产生的木材废料比例，无量纲
OF_{ty}	根据 IPCC 一阶指数衰减函数确定的、ty 类木产品在项目期末或产品生产后 30 年（以时间较后者为准）仍在使用和进入垃圾填埋的比例，无量纲
WT	木产品生产到项目期末的时间，或选择 30 年（以时间较长为准），年（a）
LT_{ty}	ty 类产品的使用寿命，年（a）
ty	木产品的种类
t	1，2，3……项目开始以后的年数，年（a）
j	1，2，3……树种
$\dfrac{44}{12}$	CO_2 与 C 的分子量之比，无量纲

5.8.7 项目边界内温室气体排放量的增加量

根据本方法学的适用条件，项目活动不涉及全面清林和炼山等有控制火烧，因此本方法学主要考虑项目边界内森林火灾引起生物质燃烧造成的温室气体排放。

对于项目事前估计，由于通常无法预测项目边界内的火灾发生情况，因此可以不考虑森林火灾造成的项目边界内温室气体排放，即 $GHG_{E,t}=0$。

对于项目事后估计，项目边界内温室气体排放增加量的估算方法如下：

$$CHG_{E,t} = GHG_{FF\_TREE,t} + GHG_{FF\_DOM,t} \qquad \text{公式}(25)$$

式中：

$GHG_{E,t}$	第 t 年时，项目边界内温室气体排放的增加量，$tCO_2e \cdot a^{-1}$
$GHG_{FF\_TREE,t}$	第 t 年时，项目边界内由于森林火灾引起林木地上生物质燃烧造成的非 CO_2 温室气体排放的增加量，$tCO_2e \cdot a^{-1}$
$GHG_{FF\_DOM,t}$	第 t 年时，项目边界内由于森林火灾引起死有机物燃烧造成的非 CO_2 温室气体排放的增加量，$tCO_2e \cdot a^{-1}$
t	1，2，3……项目开始以后的年数，年（a）

森林火灾引起林木地上生物质燃烧造成的非 CO_2 温室气体排放，使用最近一次项目核查时（t_L）划分的碳层、各碳层林木地上生物量数据和燃烧因子进行计算。第一次核查时，无论自然或人为原因引起森林火灾造成林木燃烧，其非 CO_2 温室气体排放量都假定为0。

$$GHG_{FF\_TREE,t} =$$
$$0.001 * \sum_{i=1} [A_{BURN,i,t} * b_{TREE,i,t_L} * COMF_i * (EF_{CH_4} * GWP_{CH_4} + EF_{N_2O} * GWP_{N_2O})]$$
$$\text{公式}(26)$$

式中：

$GHG_{FF\_TREE,t}$	第 t 年时，项目边界内由于森林火灾引起林木地上生物质燃烧造成的非 CO_2 温室气体排放的增加量，$tCO_2e \cdot a^{-1}$
$A_{BURN,i,t}$	第 t 年时，第 i 项目碳层发生燃烧的土地面积，hm^2
b_{TREE,i,t_L}	火灾发生前，项目最近一次核查时（第 t_L 年）第 i 项目碳层的林木地上生物量。如果只是发生地表火，即林木地上生物量未被燃烧，则 $B_{TREE,i,t}$ 设定为0；$t \cdot hm^{-2}$
$COMF_i$	第 i 项目碳层的燃烧指数（针对每个植被类型），无量纲

EF_{CH_4}	CH_4 排放因子，$g\ CH_4 \cdot kg^{-1}$
EF_{N_2O}	N_2O 排放因子，$g\ N_2O \cdot kg^{-1}$
GWP_{CH_4}	CH_4 的全球增温潜势，用于将 CH_4 转换成 CO_2 当量，缺省值25
GWP_{N_2O}	N_2O 的全球增温潜势，用于将 N_2O 转换成 CO_2 当量，缺省值298
i	1，2，3……项目碳层，根据第 t_L 年核查时的分层确定
t	1，2，3……项目开始以后的年数，年(a)
0.001	将 kg 转换成 t 的常数

森林火灾引起死有机物质燃烧造成的非 CO_2 温室气体排放，应使用最近一次核查(t_L)的死有机质碳储量来计算。第一次核查时由于火灾导致死有机质燃烧引起的非 CO_2 温室气体排放量设定为 0，之后核查时的非 CO_2 温室气体排放量计算如下：

$$CHG_{FF\_DOM,t} = 0.07 * \sum_{i=1} \left[A_{BURN,i,t} * \left(C_{DW,i,t_L} + C_{LI,i,t_L} \right) \right] \qquad 公式(27)$$

式中：

$GHG_{FF\_DOM,t}$	第 t 年时，项目边界内由于森林火灾引起死有机物燃烧造成的非 CO_2 温室气体排放的增加量，$tCO_2e \cdot a^{-1}$
$A_{BURN,i,t}$	第 t 年时，第 i 项目碳层发生燃烧的土地面积，hm^2
C_{DW,i,t_L}	火灾发生前，项目最近一次核查时(第 t_L 年)第 i 层的枯死木单位面积碳储量，使用第 5.8.3 节的方法计算，$tCO_2e \cdot hm^{-2}$
C_{LI,i,t_L}	火灾发生前，项目最近一次核查时(第 t_L 年)第 i 层的枯落物单位面积碳储量，使用第 5.8.4 节的方法计算，$tCO_2e \cdot hm^{-2}$
i	1，2，3……项目碳层，根据第 t_L 年核查时的分层确定
t	1，2，3……项目开始以后的年数，年(a)

| 0.07 | 非 CO_2 排放量占碳储量的比例，使用 IPCC 缺省值 (0.07) |

5.9 泄漏

根据本方法学的适用条件，不考虑项目实施可能引起的项目前农业活动的转移，也不考虑项目活动中使用运输工具和燃油机械造成的排放。因此在本方法学下，造林活动不存在潜在泄漏，即 $LK_t = 0$，其中 LK_t 为第 t 年时项目活动所产生的泄漏排放量。

5.10 项目减排量

项目活动所产生的减排量，等于项目碳汇量减去基线碳汇量：

$$\Delta C_{AR,t} = \Delta C_{ACTURAL,t} - \Delta C_{BSL,t} \qquad 公式(28)$$

式中：

$\Delta C_{AR,t}$	第 t 年时的项目减排量，$tCO_2e \cdot a^{-1}$
$\Delta C_{ACTURAL,t}$	第 t 年时的项目碳汇量，$tCO_2e \cdot a^{-1}$
$\Delta C_{BSL,t}$	第 t 年时的基线碳汇量，$tCO_2e \cdot a^{-1}$
t	1，2，3，……项目开始以后的年数

6 监测程序

项目参与方在编制项目设计文件时，必须制定详细的监测计划，提供监测报告和核查所有必需的相关证明材料和数据，包括：

(1)证明项目符合和满足本方法学适用条件的证明材料；

(2)计算所选碳库及其碳储量变化的证明材料和数据；

(3)计算项目边界内排放和泄漏的证明材料和数据。

上述所有数据均须按照相关标准进行监测和测定。监测过程的所有数据均须同时以纸质和电子版方式归档保存，且至少保存至计入期结束后 2 年。

6.1　基线碳汇量的监测

在编制项目设计文件时，通过事前计量确定基线碳汇量。一旦项目被审定和注册，在项目计入期内就是有效的，因此不需要对基线碳汇量进行监测。

6.2　项目活动的监测

项目参与方需对项目运行期内的所有造林活动、营林活动以及与温室气体排放有关的活动进行监测，主要包括：

（a）造林活动：包括确定种源、育苗、林地清理和整地方式、栽植、成活率和保存率调查、补植、除草、施肥等措施；

（b）营林活动：抚育、间伐、施肥、主伐、更新、病虫害防治和防火措施等；

（c）项目边界内森林灾害（毁林、林火、病虫害）发生情况（时间、地点、面积、边界等）。

6.3　项目边界的监测

碳汇造林项目活动的实际边界有可能与项目设计的边界不完全一致，难免出现偏差。为了获得真实、可靠的减排量，在整个项目运行期内，必须对项目活动的实际边界进行监测。每次监测时，必须就下述各项进行测定、记录和归档：

（1）确定每个项目地块造林的实际边界（以林缘为界）；

（2）检查造林地块的实际边界与项目设计的边界是否一致；

（3）如果实际边界位于项目设计边界之外，则项目边界之外的部分不能纳入监测的范围；

（4）如果实际边界位于项目设计边界之内，则应以实际边界为准；

（5）如果由于发生毁林、火灾或病虫害等导致项目边界内的土地利用方式发生变化（转化为其它土地利用方式），应确定其具体位置和面积，并将发生土地利用变化的地块调整到边界之外，并在下次核查中予以说明。但是已移出项目边界的地块，在以后不能再纳入项目边界内。而且，如果移出项目边界的地块以前进行过核查，其前期经核查的碳储量应保持不变，纳入碳储量变化的计算中。

(6)任何边界的变化都必须采用全球卫星定位系统（GPS）或其它卫星定位系统直接测定项目地块边界的拐点坐标，也可采用适当的空间数据（如1∶10000地形图、卫星影像、航片等），辅以地理信息系统界定地块边界坐标。

6.4 事后项目分层

事后项目分层可在事前分层的基础上进行，并根据实际造林情况、造林模式等进行调整。如果项目活动边界内出现下述原因，则在每次监测前须对上一次的分层进行更新或调整：

(1)造林项目活动与项目设计不一致，如造林时间、树种选择和配置、造林地块的边界等发生变化；

(2)项目活动的干扰（如间伐、施肥等）影响了项目碳层内部的均一性；

(3)发生火灾或土地利用变化（如毁林）导致项目边界发生变化；

(4)通过上一次监测发现，同一碳层碳储量及其变化具有很高的不确定性，在下一次监测前需对该碳层进行重新调整，将该碳层划分成两个或多个碳层；如果上一次监测发现，两个或多个碳层具有相近的碳储量及其变化，则可考虑将这些不同的碳层合并成一个碳层，以降低监测工作量。

6.5 抽样设计

本方法学要求达到90%可靠性水平下90%的精度要求。如果测定的精度低于该值，项目参与方可通过增加样地数量，从而使测定结果达到精度要求，也可以选择打折的方法（详见6.12）。

项目监测所需的样地数量，可以采用如下方法进行计算：

(1)根据公式(29)计算样地数量 n。如果得到 $n \geq 30$，则最终的样地数即为 n 值；如果 $n < 30$，则需要采用自由度为 $n-1$ 时的 t 值，运用公式(29)进行第二次迭代计算，得到的 n 值即为最终的样地数；

$$n = \frac{N * t_{VAL}^2 * \left(\sum_i W_i * S_i \right)^2}{N * E^2 + t_{VAL}^2 * \sum_i W_i * S_i^2} \qquad 公式(29)$$

式中：

n 项目边界内估算生物质碳储量所需的监测样地数量，无量纲

N	项目边界内监测样地的抽样总体单元数，$N = A/A_p$，其中 A 是项目总面积（hm^2），A_p 是样地面积（一般为 $0.0667\mathrm{hm}^2$），无量纲
t_{VAL}	可靠性指标。在一定的可靠性水平下，自由度为无穷（∞）时查 t 分布双侧 t 分位数表的 t 值，无量纲
W_i	项目边界内第 i 项目碳层的面积权重，$w_i = A_i/A$，其中 A 是项目总面积（hm^2），A_i 是第 i 项目碳层的面积（hm^2），无量纲
s_i	项目边界内第 i 项目碳层生物质碳储量估计值的标准差，$\mathrm{tC \cdot hm}^{-2}$
E	项目生物质碳储量估计值允许的绝对误差范围（即绝对误差限），$\mathrm{tC \cdot hm}^{-2}$
i	1，2，3……项目碳层

（2）当抽样面积较大时（抽样面积大于项目面积的 5%），按公式（29）进行计算获得样地数 n 之后，按公式（30）对 n 值进行调整，从而确定最终的样地数（n_a）：

$$n_a = n * \frac{1}{1 + n/N} \qquad\qquad 公式（30）$$

式中：

n_a	调整后项目边界内估算生物质碳储量所需的监测样地数量，无量纲
n	项目边界内估算生物质碳储量所需的监测样地数量，无量纲
N	项目边界内监测样地的抽样总体，无量纲

（3）当抽样面积较小时（抽样面积小于项目面积的 5%），可以采用简化公式（31）计算：

$$n = \left(\frac{t_{VAL}}{E}\right)^2 * \left(\sum_i W_i * S_i\right)^2 \qquad 公式(31)$$

式中：

n	项目边界内估算生物质碳储量所需的监测样地数量，无量纲
t_{VAL}	可靠性指标。在一定的可靠性水平下，自由度为无穷（∞）时查 t 分布双侧 t 分位数表的 t 值，无量纲
W_i	项目边界内第 i 项目碳层的面积权重，无量纲
S_i	项目边界内第 i 项目碳层生物质碳储量估计值的标准差，$tC \cdot hm^{-2}$
E	项目生物质碳储量估计值允许的绝对误差范围（即绝对误差限），$tC \cdot hm^{-2}$
i	1，2，3……项目碳层

（4）分配到各层的监测样地数量，采用最优分配法按公式（32）进行计算：

$$n_i = n * \frac{W_i * S_i}{\sum_i W_i * S_i} \qquad 公式(32)$$

式中：

n_i	项目边界内第 i 项目碳层估算生物质碳储量所需的监测样地数量，无量纲
n	项目边界内估算生物质碳储量所需的监测样地数量，无量纲
W_i	项目边界内第 i 项目碳层的面积权重，无量纲
s_i	项目边界内第 i 项目碳层生物质碳储量估计值的标准差，$tC \cdot hm^{-2}$
i	1，2，3……项目碳层

6.6　样地设置

项目参与方须基于固定样地的连续测定方法,采用"碳储量变化法"测定和估计相关碳库中碳储量的变化。在各项目碳层内,样地的空间分配采用随机起点、系统布点的布设方案。为了避免边际效应,样地边缘应离地块边界至少 10m 以上。

在测定和监测项目边界内的碳储量变化时,可采用矩形或圆形样地。样地水平面积为 0.04~0.06hm^2。在同一个造林项目中,所有样地的面积应当相同。

样地内林木和管理方式(如施肥、间伐、采伐、更新等)应与样地外的林木完全一致。记录每个样地的行政位置、小地名和 GPS 坐标、造林树种、模式和造林时间等信息。如果一个层包括多个地块,应采用下述方法以保证样地在碳层内尽可能均匀分布:

(1)根据各碳层的面积及其样地数量,计算每个样地代表的平均面积;

(2)根据地块的面积,计算每个地块的样地数量,计算结果不为整数时,采用四舍五入的方式解决。

固定样地复位率需达 100%,检尺样木复位率≥98%。为此,需对方形样地的四个角或圆形样地中心点采用 GPS 或罗盘仪引线定位,埋设地下标桩。复位时利用 GPS 导航,用罗盘仪和明显地物标按历次调查记录的方位、距离引线定位找点。

6.7　监测频率

造林项目固定样地的监测频率为每 3~10 年一次。根据主要造林树种的生物学特性,在项目设计阶段确定固定样地监测频率。如南方速生树种人工林,可 3 年监测一次固定样地;北方的慢生树种人工林,10 年监测一次固定样地;中生树种人工林可 5 年监测一次。首次监测时间由项目实施主体根据项目设计自行选择,但首次监测时间的选择要避免引起未来的监测时间与项目碳储量的峰值出现时间重合。由于间伐和主伐均会导致碳储量降低,为使监测时间不与碳储量的峰值出现时间重合,就需要对首次监测时间或间伐和主伐时间进行精心设计,避免在采伐或间伐后一年内监测,或在监测后一年内采伐或间伐,否则必须对首次监测时间或者对间伐和主伐时间进行重新调整。

6.8 林木生物质碳储量的监测

第一步：样地每木检尺，实测样地内所有活立木的胸径（DBH）和树高（H），起测胸径通常为5.0cm，如有适用的一元材积表或一元生物量方程，只用测胸径。

第二步：采用"生物量方程法"计算样地内各树种的林木生物量；或利用材积表（或材积公式）计算单株林木树干材积，采用"生物量扩展因子法"计算样地内各树种的林木生物量。将样地内各树种的林木生物量累加，得到样地水平生物量。采用公式（4）根据样地林木生物量计算样地水平的林木生物质碳储量、各碳层的平均单位面积林木生物质碳储量。

第三步：计算第 i 层样本平均数（平均单位面积林木生物质碳储量的估计值）及其方差：

$$c_{TREE,i,t} = \frac{\sum_{p=1}^{n_i} c_{TREE,p,i,t}}{n_i} \qquad \text{公式（33）}$$

$$S^2_{C_{TREE,i,t}} = \frac{\sum_{p=1}^{n_i} c_{TREE,p,i,t} - c_{TREE,i,t})^2}{n_i * (n_i - 1)} \qquad \text{公式（34）}$$

式中：

$c_{TREE,i,t}$	第 t 年第 i 项目碳层平均单位面积林木生物质碳储量的估计值，$tCO_2e \cdot hm^{-2}$
$c_{TREE,p,i,t}$	第 t 年第 i 项目碳层样地 p 的单位面积林木生物质碳储量，$tCO_2e \cdot hm^{-2}$
n_i	第 i 项目碳层的样地数
$S^2_{C_{TREE,i,t}}$	第 t 年第 i 项目碳层平均单位面积林木生物质碳储量估计值的方差，$(tCO_2e \cdot hm^{-2})^2$
p	1，2，3……第 i 项目碳层中的样地
i	1，2，3……项目碳层
t	1，2，3……自项目活动开始以来的年数

第四步：计算项目总体平均数估计值（平均单位面积林木生物质碳储量的估计值）及其方差：

$$c_{TREE,t} = \sum_{i=1}^{M} (w_i * c_{TREE,i,t}) \qquad 公式（35）$$

$$S_{C_{TREE,t}}^2 = \sum_{i=1}^{M} (w_i^2 * S_{C_{TREE,i,t}}^2) \qquad 公式（36）$$

式中：

$c_{TREE,t}$	第 t 年项目边界内的平均单位面积林木生物质碳储量的估计值，$tCO_2e \cdot hm^{-2}$
w_i	第 i 项目碳层面积与项目总面积之比，$w_i = A_i/A$，无量纲
$c_{TREE,i,t}$	第 t 年第 i 项目碳层的平均单位面积林木生物质碳储量的估计值，$tCO_2e \cdot hm^{-2}$
$S_{C_{TREE,t}}^2$	第 t 年，项目总体平均数（平均单位面积林木生物质碳储量）估计值的方差，$(tCO_2e \cdot hm^{-2})^2$
$S_{C_{TREE,i,t}}^2$	第 t 年第 i 项目碳层平均单位面积林木生物质碳储量估计值的方差，$(tCO_2e \cdot hm^{-2})^2$
n_i	第 i 项目碳层的样地数
M	项目边界内估算林木生物质碳储量的分层总数
p	1，2，3……第 i 项目碳层中的样地
i	1，2，3……项目碳层
t	1，2，3……自项目活动开始以来的年数

第五步：计算项目边界内平均单位面积林木生物质碳储量的不确定性（相对误差限）：

$$U_{C_{TREE,t}} = \frac{t_{VAL} * S_{C_{TREE,t}}}{c_{TREE,t}} \qquad 公式（37）$$

式中：

$U_{C_{TREE,t}}$	第 t 年，项目边界内平均单位面积林木生物质碳储量的估计值的不确定性（相对误差限），%（要求相对误差不大于10%，即抽样精度不低于90%）
t_{VAL}	可靠性指标：自由度等于 $n-M$（其中 n 是项目边界内样地总数，M 是林木生物量估算的分层总数），置信水平为90%，查 t 分布双侧分位数表获得（例如：置信水平为90%，自由度为45时，双侧 t 分布的 t 值在 Excel 电子表中输入" = TINV（0.10，45）"可以计算得到 t 值为1.6794）
$S_{C_{TREE,t}}$	第 t 年，项目边界内平均单位面积林木生物质碳储量的估计值的方差的平方根（即标准误差），$tCO_2e \cdot hm^{-2}$

第六步：计算第 t 年项目边界内的林木生物质总碳储量：

$$C_{TREE,t} = A * c_{TREE,t} \qquad\qquad 公式（38）$$

式中：

$C_{TREE,t}$	第 t 年项目边界内林木生物质碳储量的估计值，tCO_2e
A	项目边界内各碳层的面积总和，hm^2
$c_{TREE,t}$	第 t 年项目边界内平均单位面积林木生物质碳储量估计值，$tCO_2e \cdot hm^{-2}$
t	1，2，3……自项目活动开始以来的年数

第七步：计算项目边界内林木生物质碳储量的年变化量。假设一段时间内，林木生物量的变化是线性的：

$$dC_{TREE(t_1-t_2)} = \frac{C_{TREE,t_2} - C_{TREE,t_1}}{T} \qquad\qquad 公式（39）$$

式中：

$dC_{TREE(t_1,t_2)}$	第 t_1 年和第 t_2 年之间项目边界内林木生物质碳储量的年变化量，$tCO_2e \cdot a^{-1}$

$C_{TREE,t}$　　　　　　第 t 年时项目边界内林木生物质碳储量估计值，tCO_2e

T　　　　　　　　　两次连续测定的时间间隔（$T = t_2 - t_1$），a

t_1，t_2　　　　　　自项目活动开始以来的第 t_1 年和第 t_2 年

首次核查时，将项目活动开始时林木生物量的碳储量赋值给公式（33）中的变量 C_{TREE,t_1}，即：首次核证时 $C_{TREE,t_1} = C_{TREE\_BSL}$，此时，$t_1 = 0$，$t_2 =$ 首次核查的年份。

第八步：计算核查期内第 t 年（$t_1 \leqslant t \leqslant t_2$）时项目边界内林木生物质碳储量的变化量：

$$\Delta C_{TREE,t} = dC_{TREE,(t_1,t_2)} * 1 \qquad\qquad 公式（40）$$

式中：

$\Delta C_{TREE,t}$　　　　　　第 t 年时项目边界内林木生物质碳储量的年变化量，$tCO_2e \cdot a^{-1}$

$dC_{TREE(t_1,t_2)}$　　　　第 t_1 年和第 t_2 年之间项目边界内林木生物质碳储量的年变化量，$tCO_2e \cdot a^{-1}$

1　　　　　　　　　1 年，a

6.9　灌木生物质碳储量的监测

灌木生物质碳储量的监测，可通过监测各碳层灌木盖度，采用 5.8.2 节的缺省方法进行计算。在某些情况下（例如开展以灌木为主的造林活动），项目参与方也可采用下述方法进行监测：

灌木林的生物量通常与地径、分枝数、灌高和冠径有关，为此，可采用生物量方程的方法来监测灌木林生物量碳库中的碳储量。

第一步：在第 i 项目碳层样地 p 内设置样方 k（面积 $\geqslant 2m^2$），测定样方内灌木的地径、高、冠幅和枝数等，利用一元或多元生物量方程，计算样地 p 内灌木的单位面积生物量：

$$b_{Shrub,i,p,t} = \frac{\sum\limits_{k=1}\sum\limits_{j=1}\left[f_{Shrub,j}(x_1,x_2,x_3,\cdots) * N_{i,p,k,t} * CF_{s,j} * (1 + R_{s,j})\right]}{\sum\limits_{k=1}A_{Shrub,i,p,k,t}} * \frac{1}{100}$$

公式(41)

式中：

$b_{Shrub,i,p,t}$	第 t 年时项目边界内第 i 项目碳层样地 p 内的平均单位面积灌木生物量，$t \cdot hm^{-2}$
$f_{Shrub,j(x_1,x_2,x_3\cdots)}$	第 j 类灌木地上生物量与灌木测树因子（x_1，x_2，$x_3\cdots$）（如基径、高、冠幅、灌径等）的单枝生物量方程；$g \cdot 枝^{-1}$
$N_{i,p,k,j}$	第 i 项目碳层样地 p 样方 k 内第 j 类灌木的枝数；枝
$CF_{S,j}$	第 j 类灌木的生物量含碳率，$g\,C \cdot g^{-1}$ 或 $tC \cdot t^{-1}$
$R_{S,j}$	第 j 类灌木的地下生物量/地上生物量比值，无量纲
$A_{Shurb,i,p,k,t}$	第 t 年时第 i 项目碳层样地 p 内样方 k 的面积，m^2
i	1，2，3……项目碳层
p	1，2，3……第 i 项目碳层内的样地
k	1，2，3……样地 p 内的样方
j	1，2，3……灌木类型 j
t	1，2，3……自项目活动开始以来的年数
$\dfrac{1}{100}$	将 $g \cdot m^{-2}$ 转换成 $t \cdot hm^{-2}$ 的系数

第二步：计算第 i 项目碳层平均单位面积灌木生物质碳储量的估计值及其方差，参考公式(33)，公式(34)，用 $c_{Shrub,i,t}$ 替换其中的 $c_{TREE,i,t}$，用 $c_{Shrub,i,p,t}$ 替换其中的 $c_{TREE,i,p,t}$；

第三步：计算项目边界内平均单位面积灌木生物质碳储量的估计值及其方差，参考公式(35)，公式(36)，用 $c_{Shrub,t}$ 替换其中的 $c_{TREE,t}$，用 $c_{Shrub,i,t}$ 替换其中的 $c_{TREE,i,t}$，用 $S_{c_{Shrub,t}}$ 替换其中的 $S_{c_{TREE,t}}$；

第四步：计算项目边界内平均单位面积灌木生物质碳储量估计值的不确

定性，参考公式（36），用 $U_{c_{Shrub,t}}$ 替换其中的 $U_{c_{TREE,t}}$；

第五步：计算第 t 年项目边界内的灌木总生物质碳储量估计值，参考公式（37），用 $c_{Shrub,t}$ 替换其中的 $c_{TREE,t}$，用 $C_{Shrub,t}$ 替换其中的 $C_{TREE,t}$；

第六步：计算第 t 年项目边界内灌木生物质碳储量的碳储量，参考公式（38）用 $c_{Shrub,t}$ 替换其中的 $c_{TREE,t}$，用 $C_{Shrub,t}$ 替换其中的 $C_{TREE,t}$，用 CF_S 替换 CF_{TREE}；

第七步：计算项目边界内灌木生物质碳储量的年变化量。假定一段时间内，灌木生物量变化是线性增长的。参考公式（39），用 $C_{Shrub,t}$ 替换其中的 $C_{TREE,t}$，用 $dC_{SHRUB(t_1,t_2)}$ 替换 $dC_{TREE(t_1,t_2)}$；

第八步：计算核查期内第 t 年（$t_1 \leq t \leq t_2$）时项目边界内灌木生物质碳储量的变化量，参考公式（40），用 dC_{SHRUB,t_1,t_2} 替换 $dC_{TREE(t_1,t_2)}$，用 $\Delta C_{SHRUB,t}$ 替换 $\Delta C_{TREE,t}$。

6.10　项目边界内枯落物、枯死木和土壤有机碳库的监测

项目边界内枯落物、枯死木和土壤有机碳库碳储量及其变化在项目事前计量阶段进行了预估。根据保守性原则和成本有效性原则，项目参与方可以选择不再对上述几类碳库进行监测。

但是如果项目活动或项目边界发生变化，项目参与方要根据调整后的项目边界和事后项目分层，采用项目事前计量的方法重新计算项目边界内枯落物、枯死木和土壤有机碳库的碳储量及其变化。

6.11　项目边界内的温室气体排放增加量的监测

根据监测计划，详细记录项目边界内每一次森林火灾（如果有）发生的时间、面积、地理边界等信息，参考公式（25）、公式（26）、公式（27），计算项目边界内由于森林火灾燃烧地上生物量所引起的温室气体排放（$GHG_{E,t}$）。

6.12　精度控制与校正

以林木为例（灌木的方法相同），林木平均生物量最大允许相对误差的计算公式如下：

$$RE_{max} = U_{b_{TREE,t}} \qquad\qquad 公式（42）$$

式中：

RE_{max} 　　　　　　最大允许相对误差%

$U_{b_{TREE,t}}$ 　　　　第 t 年时项目边界内平均单位面积林木碳储量的不确定性,%

t 　　　　　　　　1，2，3……自项目活动开始以来的年数

如果 RE_{max} 大于10%（即抽样精度小于90%），项目参与方可决定采用以下一种方法校正：

(1)额外增加样地数量；

(2)估算碳储量变化时，予以扣减。

设置额外样地，最大允许相对误差范围内所需的样地数目根据上述"抽样设计"(第6.5节)进行计算。

对碳储量变化进行扣减时，采用下列方法：

(1)如果 $\Delta C_{TREE(t_1,t_2)} \geq 0$，则：

$$\Delta C_{TREE,t} = \Delta C_{TREE(t_1,t_2)} * (1 - DR) \qquad 公式(43)$$

(2)如果 $\Delta C_{TREE(t_1,t_2)} < 0$，则：

$$\Delta C_{TREE,t} = \Delta C_{TREE(t_1,t_2)} * (1 + DR) \qquad 公式(44)$$

式中：

$\Delta C_{TREE(t_1,t_2)}$ 　　在前次监测时间 t_1 和后次监测时间 t_2 之间，项目边界内林木生物质碳储量的变化量,tCO_2e

DR 　　　　　　　　扣减率,%

t 　　　　　　　　1，2，3……自项目活动开始以来的年数

扣减率(DR)可从下列表格中获得。

表6-1　扣减率

相对误差范围	扣减率(DR)
小于或等于10%	0%
大于10%但小于或等于20%	6%
大于20%但小于或等于30%	11%
大于30%	须额外增加样地数量，从而使测定结果达到精度要求

6.13 不需要监测的数据和参数

不需要监测的数据和参数，是指可以直接采用缺省值、或只需一次性测定即可适用于本方法学的数据和参数。

数据/参数	$CF_{TREE,j}$
数据单位	$tC \cdot t^{-1}$
应用的公式编号	公式(4)，公式(13)
描述	树种 j 生物量中的含碳率，用于将生物量转换成碳含量。
数据源	数据源优先顺序： (a)项目参与方测定的当地相关树种的参数(需提供透明和可核实的资料来证明)； (b)现有的、公开发表的、当地的或相似生态条件下的数据； (c)省级的数据(如省级温室气体清单)； (d)国家级的数据(如国家温室气体清单)，见下表； **中国主要优势树种(组)生物量含碳率(CF)参考值** <table><tr><td>优势树种(组)</td><td>CF</td><td>优势树种(组)</td><td>CF</td><td>优势树种(组)</td><td>CF</td></tr><tr><td>桉树</td><td>0.525</td><td>楝树</td><td>0.485</td><td>铁杉</td><td>0.502</td></tr><tr><td>柏木</td><td>0.510</td><td>柳杉</td><td>0.524</td><td>桐类</td><td>0.470</td></tr><tr><td>檫木</td><td>0.485</td><td>柳树</td><td>0.485</td><td>相思</td><td>0.485</td></tr><tr><td>池杉</td><td>0.503</td><td>落叶松</td><td>0.521</td><td>杨树</td><td>0.496</td></tr><tr><td>赤松</td><td>0.515</td><td>马尾松</td><td>0.460</td><td>硬阔类</td><td>0.497</td></tr><tr><td>椴树</td><td>0.439</td><td>木荷</td><td>0.497</td><td>油杉</td><td>0.500</td></tr><tr><td>枫香</td><td>0.497</td><td>木麻黄</td><td>0.498</td><td>油松</td><td>0.521</td></tr><tr><td>高山松</td><td>0.501</td><td>楠木</td><td>0.503</td><td>榆树</td><td>0.497</td></tr><tr><td>国外松</td><td>0.511</td><td>泡桐</td><td>0.470</td><td>云南松</td><td>0.511</td></tr><tr><td>黑松</td><td>0.515</td><td>其它杉类</td><td>0.510</td><td>云杉</td><td>0.521</td></tr><tr><td>红松</td><td>0.511</td><td>其它松类</td><td>0.511</td><td>杂木</td><td>0.483</td></tr><tr><td>华山松</td><td>0.523</td><td>软阔类</td><td>0.485</td><td>樟树</td><td>0.492</td></tr><tr><td>桦木</td><td>0.491</td><td>杉木</td><td>0.520</td><td>樟子松</td><td>0.522</td></tr><tr><td>火炬松</td><td>0.511</td><td>湿地松</td><td>0.511</td><td>针阔混</td><td>0.498</td></tr><tr><td>阔叶混</td><td>0.490</td><td>水胡黄</td><td>0.497</td><td>针叶混</td><td>0.510</td></tr><tr><td>冷杉</td><td>0.500</td><td>水杉</td><td>0.501</td><td>紫杉</td><td>0.510</td></tr><tr><td>栎类</td><td>0.500</td><td>思茅松</td><td>0.522</td><td></td><td></td></tr></table> 单位：$tC \cdot t^{-1}$；来源：《中华人民共和国气候变化第二次国家信息通报》"土地利用变化与林业温室气体清单"(2013)
测定步骤	采用国家森林资源调查使用的标准操作规程(SOPs)。如果没有，可采用公开出版的相关技术手册或 IPCC GPG LULUCF 2003 中说明的 SOPs 程序。
说明	在基线情景下用 $CF_{TREE\_BSL,i,j}$ 表示；在项目情景下用 $CF_{TREE\_PROJ,i,j}$ 表示。

数据/参数	$f_j(x1_{i,t}, x2_{i,t}, x3_{i,t}, \cdots)$
数据单位	t
应用的公式编号	公式(5)
描述	将树种 j 的测树因子($x1$, $x2$, $x3$, $\cdots$)(如胸径、树高等)转换为林木生物量的生物量方程
数据源	数据源优先顺序:(a)项目参与方根据实测当地相关树种的测树因子,构建的生物量方程(需提供透明和可核实的资料来证明);(b)现有的、公开发表的、当地的或相似生态条件下的生物量方程(见附件);(c)省级的生物量方程(如省级森林资源清查、省级温室气体清单);(d)国家级的生物量方程(如国家森林资源清查、国家温室气体清单)。
测定步骤	采用国家森林资源调查使用的标准操作规程(SOPs)。如果没有,可采用公开出版的相关技术手册或 IPCC GPG LULUCF 2003 中说明的 SOPs 程序。
说明	

数据/参数	$R_{TREE,j}$
数据单位	无量纲
应用的公式编号	公式(5)公式(6)
描述	树种 j 的地下生物量/地上生物量的比值,用于将树干生物量转换全株生物量。

数据源优先顺序:(a)项目参与方测定的当地相关树种的参数(需提供透明和可核实的资料来证明);(b)现有的、公开发表的、当地的或相似生态条件下的数据;(c)省级的数据(如省级温室气体清单);(d)国家级的数据(如国家温室气体清单),见下表:

中国主要优势树种(组)地下生物量/地上生物量比值(R)参考值

优势树种(组)	R	优势树种(组)	R	优势树种(组)	R
桉树	0.221	楝树	0.289	铁杉	0.277
柏木	0.220	柳杉	0.267	桐类	0.269
檫木	0.270	柳树	0.288	相思	0.207
池杉	0.435	落叶松	0.212	杨树	0.227
赤松	0.236	马尾松	0.187	硬阔类	0.261
椴树	0.201	木荷	0.258	油杉	0.277
枫香	0.398	木麻黄	0.213	油松	0.251
高山松	0.235	楠木	0.264	榆树	0.621
国外松	0.206	泡桐	0.247	云南松	0.146
黑松	0.280	其它杉类	0.277	云杉	0.224
红松	0.221	其它松类	0.206	杂木	0.289
华山松	0.170	软阔类	0.289	樟树	0.275
桦木	0.248	杉木	0.246	樟子松	0.241
火炬松	0.206	湿地松	0.264	针阔混	0.248
阔叶混	0.262	水胡黄	0.221	针叶混	0.267
冷杉	0.174	水杉	0.319	紫杉	0.277
栎类	0.292	思茅松	0.145		

来源:《中华人民共和国气候变化第二次国家信息通报》"土地利用变化与林业温室气体清单"(2013)

（续）

测定步骤	采用国家森林资源调查使用的标准操作规程（SOPs）。如果没有，可采用公开出版的相关技术手册或 IPCC GPG LULUCF 2003 中说明的 SOPs 程序。
说明	在基线情景下用 $R_{TREE\_BSL,j}$ 表示；在项目情景下用 $R_{TREE\_PROJ,j}$ 表示。

数据/参数	$D_{TREE,j}$
数据单位	$t \cdot m^{-3}$
应用的公式编号	公式(6)
描述	树种 j 的基本木材密度，用于将树干材积转换为树干生物量。
数据源	数据源优先顺序： (a)项目参与方测定的当地相关树种的参数(需提供透明和可核实的资料来证明)； (b)现有的、公开发表的、当地的或相似生态条件下的数据； (c)省级的数据(如省级温室气体清单)； (d)国家级的数据(如国家温室气体清单)，见下表： **中国主要优势树种(组)基本木材密度(D)参考值**　单位：$t \cdot m^{-3}$ 详见下表 来源：《中华人民共和国气候变化第二次国家信息通报》"土地利用变化与林业温室气体清单"(2013)
测定步骤	采用国家森林资源调查使用的标准操作规程（SOPs）。如果没有，可采用公开出版的相关技术手册或 IPCC GPG LULUCF 2003 中说明的 SOPs 程序
说明	在基线情景下用 $D_{TREE\_BSL,j}$ 表示；在项目情景下用 $D_{TREE\_PROJ,j}$ 表示

中国主要优势树种(组)基本木材密度(D)参考值　单位：$t \cdot m^{-3}$

优势树种(组)	D	优势树种(组)	D	优势树种(组)	D
桉树	0.578	楝树	0.443	铁杉	0.442
柏木	0.478	柳杉	0.294	桐类	0.239
檫木	0.477	柳树	0.443	相思	0.443
池杉	0.359	落叶松	0.490	杨树	0.378
赤松	0.414	马尾松	0.380	硬阔类	0.598
椴树	0.420	木荷	0.598	油杉	0.448
枫香	0.598	木麻黄	0.443	油松	0.360
高山松	0.413	楠木	0.477	榆树	0.598
国外松	0.424	泡桐	0.443	云南松	0.483
黑松	0.493	其它杉类	0.359	云杉	0.342
红松	0.396	其它松类	0.424	杂木	0.515
华山松	0.396	软阔类	0.443	樟树	0.460
桦木	0.541	杉木	0.307	樟子松	0.375
火炬松	0.424	湿地松	0.424	针阔混	0.486
阔叶混	0.482	水胡黄	0.464	针叶混	0.405
冷杉	0.366	水杉	0.278	紫杉	0.359
栎类	0.676	思茅松	0.454		

数据/参数	$BEF_{TREE,j}$
数据单位	无量纲
应用的公式编号	公式(6)
描述	树种 j 的生物量扩展因子,用于将树干生物量转换为地上生物量
数据源	数据源优先顺序: (a)项目参与方测定的当地相关树种的参数(需提供透明和可核实的资料来证明); (b)现有的、公开发表的、当地的或相似生态条件下的数据; (c)省级的数据(如省级温室气体清单); (d)国家级的数据(如国家温室气体清单),见下表: **中国主要优势树种(组)生物量扩展因子(BEF)参考值** 见下表 来源:《中华人民共和国气候变化第二次国家信息通报》"土地利用变化与林业温室气体清单"(2013)
测定步骤	采用国家森林资源调查使用的标准操作规程(SOPs)。如果没有,可采用公开出版的相关技术手册或 IPCC GPG LULUCF 2003 中说明的 SOPs 程序。
说明	(1)BEF 值通常适用于郁闭森林。当用于生长于开阔地带的单木时,所选 BEF 值应增加30%(即乘以1.3倍)。 (2)在基线情景下用 $BEF_{TREE\_BSL,j}$ 表示;在项目情景下用 $BEF_{TREE\_PROJ,j}$ 表示

中国主要优势树种(组)生物量扩展因子(BEF)参考值

优势树种(组)	BEF	优势树种(组)	BEF	优势树种(组)	BEF
桉树	1.263	楝树	1.586	铁杉	1.667
柏木	1.732	柳杉	2.593	桐类	1.926
檫木	1.483	柳树	1.821	相思	1.479
池杉	1.218	落叶松	1.416	杨树	1.446
赤松	1.425	马尾松	1.472	硬阔类	1.674
椴树	1.407	木荷	1.894	油杉	1.667
枫香	1.765	木麻黄	1.505	油松	1.589
高山松	1.651	楠木	1.639	榆树	1.671
国外松	1.631	泡桐	1.833	云南松	1.619
黑松	1.551	其它杉类	1.667	云杉	1.734
红松	1.510	其它松类	1.631	杂木	1.586
华山松	1.785	软阔类	1.586	樟树	1.412
桦木	1.424	杉木	1.634	樟子松	2.513
火炬松	1.631	湿地松	1.614	针阔混	1.656
阔叶混	1.514	水胡黄	1.293	针叶混	1.587
冷杉	1.316	水杉	1.506	紫杉	1.667
栎类	1.355	思茅松	1.304		

数据/参数	立木材积表或立木材积方程
数据单位	m^3
应用的公式编号	公式(6)

（续）

描述	材积表或材积方程是根据一个或多个林木测树因子（例如胸径 DBH 和或树高 H）查算树干材积的数表或方程
数据源	采用国家公布的立木材积表、或省级森林资源清查采用的立木材积表
测定步骤	不适用
说明	一元材积表为地方材积表，只适合于编表地区。

数据/参数	CF_s
数据单位	$tC \cdot t^{-1}$
应用的公式编号	公式（8）
描述	灌木生物量中的含碳率，用于将灌木生物量转换为碳含量。
数据源	数据源优先顺序： （a）项目实施区当地的调查数据； （b）相邻地区相似条件下的调查数据； （c）省级或国家水平的适用于项目实施区的数据； （d）默认值0.47。
测定步骤	采用国家森林资源调查使用的标准操作规程（SOPs）。如果没有，可采用公开出版的相关技术手册或 IPCC GPG LULUCF 2003 中说明的 SOPs 程序。
说明	

数据/参数	R_s
数据单位	无量纲
应用的公式编号	公式（8）
描述	灌木的地下生物量/地上生物量之比，用于将灌木地上生物量转换为全株生物量。
数据源	数据源优先顺序： （a）项目实施区当地的调查数据； （b）相邻地区相似条件下的调查数据； （c）省级或国家水平的适用于项目实施区的数据；（d）默认值0.40。
测定步骤	采用国家森林资源调查使用的标准操作规程（SOPs）。如果没有，可采用公开出版的相关技术手册或 IPCC GPG LULUCF 2003 中说明的 SOPs 程序。
说明	

数据/参数	BDR_{SF}
数据单位	无量纲
应用的公式编号	公式（9）

（续）

描述	灌木盖度为100%时的每公顷地上生物量与项目活动所在区域森林的平均地上生物量缺省值之比。
数据源	数据源优先顺序： (a)项目实施区当地的调查数据； (b)相邻地区相似条件下的调查数据； (c)省级或国家水平的适用于项目实施区的数据； (d)默认值0.10。
测定步骤	采用国家森林资源调查使用的标准操作规程（SOPs）。如果没有，可采用公开出版的相关技术手册或 IPCC GPG LULUCF 2003 中说明的 SOPs 程序。
说明	

数据/参数	B_{FOREST}
数据单位	$t \cdot hm^{-2}$
应用的公式编号	公式(9)
描述	项目活动所在区域森林地上生物量的缺省值。
数据源	数据源优先顺序： (a)项目实施区当地的调查数据； (b)相邻地区相似条件下的调查数据； (c)省级或国家水平的适用于项目实施区的数据。
测定步骤	获取方法： (1)根据当地森林资源清查资料，获取项目活动所在区域主要优势树种面积(A_i)、蓄积(V_i)数据； (2)获得各优势树种生物量扩展因子(BEF_i)和基本木材密度(D_i)值； (3)计算项目活动所在区域森林地上生物量的缺省值： $$B_{Forest} = \frac{\sum_{i=1}(V_i * D_i * BEF_i)}{\sum_{i=1} A_i}$$ 式中，$i = 1, 2, 3\cdots$，通过森林资源清查资料获得的当地优势树种类型。
说明	

数据/参数	DF_{DW}
数据单位	%
应用的公式编号	公式(15)
描述	枯死木碳储量与林木生物质碳储量之比。

（续）

数据源	数据源优先选择次序为： 现有的、当地的或相似生态条件下的基于树种或树种组的数据； 采用下述缺省值：	

数据源优先选择次序为：
现有的、当地的或相似生态条件下的基于树种或树种组的数据；
采用下述缺省值：

区域	DFDW
东北、内蒙	3.51%
华北、中原	2.06%
西北	3.11%
华中、华南	2.25%
西南	1.88%

数据来源：1994~1998 和 1999~2003 两次国家森林资源清查林分蓄积与枯倒木蓄积。

测定步骤	不适用
说明	

数据/参数	DF_{LI}
数据单位	%
应用的公式编号	公式(17)
描述	枯落物碳储量与活立木生物质碳储量之比。

数据源优先选择次序为：
(a)现有的、当地的或相似生态条件下的基于树种或树种组的数据；
(b)国家级基于树种的数据（如森林资源清查或国家温室气体清单编制中的数据）；
(c)采用下列缺省方程（$DF_{LI} = a \cdot e^{b \cdot B_{TREE\_AG}}$）计算：

树种	参数 a	参数 b
云杉、冷杉	20.738491	−0.010164
落叶松	67.412962	−0.014074
油松	24.826509	−0.023362
马尾松	7.217506	−0.006710
其他松类(包括思茅松、云南松、台湾松、赤松、黑松、高山松、长白松、火炬松、红松、樟子松、华山松、湿地松等)	13.119797	−0.009026
柏木	3.759535	−0.004670
杉木和其他杉类	4.989672	−0.002545
栎类	7.732453	−0.004769
其他硬阔类(桦木、枫香、荷木、水胡黄、樟树、楠木等)	6.977898	−0.004312
杨树	12.310620	−0.006901
桉树	24.696643	−0.013687
相思	9.538834	−0.000408
其他软阔类(椴树、檫木、柳树、泡桐、楝树、木麻黄等)	8.128553	−0.004563

数据来源：根据中国森林生物量数据库整理
(d)IPCC 缺省值4%。

（续）

测定步骤	不适用
说明	

数据/参数	SOC_{REF}
数据单位	$tC \cdot hm^{-2}$
应用的公式编号	公式（18），公式（19）
描述	与项目第 i 层具有相似气候、土壤条件的当地自然植被（如：当地未退化的、未利用土地上的自然植被）下土壤有机碳库碳储量的参考值。
数据源	数据源优先顺序： (a)项目实施区当地的调查数据； (b)相邻地区相似条件下的调查数据； (c)省级或国家水平的适用于项目实施区的数据； (d)如下默认值：

矿质土壤的土壤有机碳库碳储量缺省值（$tC \cdot hm^{-2}$，深度 0～30cm）

气候地区	高活性黏质土 （a）	低活性黏质土 （b）	沙质土 （c）	灰化土 （d）	火山灰土 （e）
寒带	68	—	10	117	20
寒温带，干燥	50	33	34	—	20
寒温带，湿润	95	85	71	115	130
暖温带，干燥	38	24	19	—	70
暖温带	88	63	34	—	80
热带，干燥	38	35	31	—	50
热带，湿润	65	47	39	—	70
热带，湿润	44	60	66	—	130
热带，山地	88	63	34	—	80

　　(a)高活性黏质土（HAC）为轻度到中度风化土壤，由 2∶1 硅酸盐黏土矿物组成（见世界土壤资源参比基础（WRB）的分类，包括薄层土，变性土，栗钙土，黑钙土，黑土，淋溶土，高活性强酸土，漂白红砂土，碱土，钙积土，石膏土，暗色土，雏形土，粗骨土；在美国农业部（USDA）的分类包括软土、变性土、高基淋溶土、旱成土、始成土）；

　　(b)低活性黏质土为高度风化的土壤，由黏土矿质与非结晶铁铝氧化物按 1∶1 的比例组成（见世界土壤资源参比基础（WRB）的分类，包括低活性强酸土、低活性淋溶土、黏绨土、铁铝土；美国农业部的分类包括老成土、氧化土和酸性淋溶土）

　　(c)沙壤土包括标准结构中砂土比例 >70% 且粘土比例 <8% 的所有土壤（与土壤分类无关，在世界土壤资源参比基础（WRB）中包括砂性土，在美国农业部（USDA）的分类中包括砂新成土）；

　　(d)灰化土具有强烈灰化作用的土壤（在世界土壤资源参比基础（WRB）中包括灰壤，在美国农业部（USDA）的分类中包括灰土）

　　(e)火山灰土来自火山灰及其同分异构矿质的土壤（在世界土壤资源参比基础（WRB）中为火山灰土，在美国农业部（USDA）的分类为火山灰土）。

（续）

测定步骤	不适用
说明	

数据/参数	$f_{LU,i}$
数据单位	无量纲
应用的公式编号	公式(18)
描述	项目第 i 层与基线土地利用方式相关的碳储量变化因子
数据源	数据源优先顺序： (a)项目实施区当地的调查数据； (b)相邻地区相似条件下的调查数据； (c)省级或国家水平的适用于项目实施区的数据； (d)如下默认值：

不同农田土地利用相关的碳储量变化因子(20 年内的净效应)

因子类型	水平	温度条件	湿度条件	因子值	说明及标准
土地利用 (f_{LU})	长期耕种	温带/寒带	干燥	0.80	续耕种 20 年以上的农田
			湿润	0.69	
		热带	干燥	0.58	
			湿润/湿地	0.48	
		热带山地	不适用	0.64	
土地利用 (f_{LU})	短期耕种 (<20 年) 或闲置(< 5 年)	温带/寒带 和热带	干燥	0.93	连续耕种时间不足20 年的农田、和(或)在最近20 年的任意时间段内闲置时间少于 5 年的农田
			湿润/湿地	0.82	
		热带山地	不适用	0.88	

草地管理碳储量相对变化因子(20 年内的净效应)

因子类型	水平	气候区	因子值	说明
土地利用(f_{LU})	全部	全部	1.00	所有永久草地的土地利用因子值为1

测定步骤	不适用
说明	

数据/参数	$f_{MG,i}$
数据单位	无量纲

(续)

应用的公式编号	公式(18)
描述	项目第 i 项目碳层与基线管理模式相关的碳储量变化因子。

数据源优先顺序:

(a) 现有的、公开发表的、当地的或相似生态条件下的数据;

(b) 采用 CDM 有关方法学工具的缺省值(如下表):

不同农田管理措施相关的碳储量变化因子(20 年内的净效应)

因子类型	水平	温度条件	湿度条件	因子值	说明及标准
农田管理 (f_{WU})	全耕	全部	干燥和湿润/湿地	1.00	充分翻耕或在一年内频繁耕作导致强烈土壤扰动。在种植期地表残体盖度低于30%
农田管理 (f_{WU})	少耕	温带/寒带	干燥	1.02	土壤的扰动较低(通常耕作深度浅,不充分翻耕)。在种植期地表残体盖度通常大于30%
			湿润	1.08	
		热带	干燥	1.09	
			湿润/湿地	1.15	
		热带山地		1.09	

草地管理碳储量相对变化因子(20 年内的净效应)

因子类型	水平	气候区	因子值	说明
管理 (f_{WU})	中等退化草地	温带/寒带	0.95	牧或中度退化,相对于未退化草地,生产力较低,且未实施改良措施
		热带	0.97	
		热带山地	0.96	
管理(f_{WU})	严重退化	全部	0.70	

测定步骤	不适用
说明	

数据/参数	$f_{IN,i}$
数据单位	无量纲
应用的公式编号	公式(18)
描述	项目第 i 层与基线有机碳输入类型(如:农作物秸秆还田、施用肥料)相关的碳储量变化因子
数据源	数据源优先顺序: (a)项目实施区当地的调查数据; (b)相邻地区相似条件下的调查数据; (c)省级或国家水平的适用于项目实施区的数据; (d)如下默认值:

（续）

不同农田输入相关的碳储量变化因子（20 年内的净效应）					
因子类型	水平	温度条件	湿度条件	因子值	说明及标准
输入(f_{IN})	低	温带/寒带	干燥	0.95	收集去除或燃烧地表残体（如秸秆焚烧）；或频繁裸地休耕；或农作物残体较少（如蔬菜、烟草、棉花等）；或不施矿物肥料、不种植固氮作物等
			湿润	0.92	
		热带	干燥	0.95	
			湿润/湿润	0.92	
		热带山地		0.94	
输入(f_{IN})	中	全部	干燥和湿润/湿润	1.00	所有作物残留都返回到田地里。若残留物被移除则添加有机质（如粪肥）。另外，施加矿质肥料或轮作固氮作物。
输入(f_{IN})	高，不施肥	温带/寒带和热带	干燥	1.04	通过额外措施（如种植残体较多的农作物、施用绿肥、种植覆盖作物、休耕、灌溉、一年生作物轮作中频繁种植多年生草本植物，但不施有机肥），使作物残体的碳输入量显著增加。
			湿润/湿润	1.11	
		热带山地		1.08	

草地管理碳储量相对变化因子（20 年内的净效应）				
因子类型	水平	气候区	因子值	说明
管理(f_{IN})	中等退化草地	温带/寒带	0.95	过牧或中度退化，相对于未退化草地，生产力较低，且未实施改良措施
		热带	0.97	
		热带山地	0.96	
管理(f_{IN})	严重退化	全部	0.70	

数据源（行标题，跨上述两表）

测定步骤	不适用
说明	

数据/参数	$TOR_{ty,j}$
单位	无量纲
应用的公式编号	公式(22)
描述	采伐树种 j 用于生产加工 ty 类木产品的出材率。

（续）

数据源	数据源优先选择次序为： （a）当地基于木产品种类、树种和采伐方式（间伐和主伐）森林资源采伐和管理数据； （b）国家级基于木产品种类、树种和采伐方式（间伐和主伐）森林资源采伐和管理数据。
测定步骤（如果有）	不适用
说明	如果采伐利用的是整株树木，包括干、枝和叶，则 $TOR_{ty,j}=1$。

数据/参数	WW_{ty}
单位	无量纲
应用的公式编号	公式（22）
描述	加工 ty 类木产品产生的木材废料比例。这部分废料中的碳在加工过程中视作是立即排放。
数据源	数据源优先选择次序为： （a）公开出版的适于当地条件和产品类型的文献数据； （b）国家级基于木产品的数据。 （c）缺省值20%。
测定步骤（如果有）	不适用
说明	

数据/参数	LT_{ty}
单位	年
应用的公式编号	公式（24）
描述	ty 类木产品的使用寿命
数据源	数据源优先选择次序为： （a）公开出版的适于当地条件和产品类型的文献数据； （b）国家级基于木产品的数据。 （c）如果没有上述数据，从下表选择缺省数据：

木产品类型	LT_{ty}
建筑	50
家具	30
矿柱	15
车船	12
包装用材	8
纸和纸板	3
锯材	30
人造板	20
薪材	1

（续）

数据源	数据来源： IPCC LULUCF 优良做法指南； COP 17 关于《京都议定书》第二承诺期 LULUCF 的决议； 白彦锋. 2010. 中国木质林产品碳储量. 中国林业科学研究院博士学位论文。
测定步骤（如果有）	不适用
说明	

数据/参数	*COMF*
数据单位	无量纲
应用的公式编号	公式（26）
描述	燃烧因子（针对每个植被类型）
数据源	数据来源的选择应遵循如下顺序： （a）项目实施区当地的调查数据； （b）相邻地区相似条件下的调查数据； （c）国家水平的适用于项目实施区的数据； （d）如下的默认值 <table><tr><th>森林类型</th><th>林龄（年）</th><th>缺省值</th></tr><tr><td>热带森林</td><td>3 ~ 5</td><td>0.46</td></tr><tr><td></td><td>6 - 10</td><td>0.67</td></tr><tr><td></td><td>11 - 17</td><td>0.5</td></tr><tr><td></td><td>18 年以上</td><td>0.32</td></tr><tr><td>北方森林</td><td>所有的</td><td>0.40</td></tr><tr><td>温带森林</td><td>所有的</td><td>0.45</td></tr></table>
测定步骤	
说明	

数据/参数	EF_{CH_4}
数据单位	$gCH_4 \cdot kg^{-1}$
应用的公式编号	公式（26）
描述	CH_4 排放因子
数据源	数据来源的选择应遵循如下顺序： （a）项目实施区当地的调查数据； （b）相邻地区相似条件下的调查数据； （c）省级或国家水平的适用于项目实施区的数据；

(续)

数据源	(d)如下默认值 （ⅰ）热带森林：6.8； （ⅱ）其它森林：4.7。
测定步骤	
说明	

数据/参数	EF_{N_2O}
数据单位	$gN_2O \cdot kg^{-1}$
应用的公式编号	公式(26)
描述	N_2O 排放因子
数据源	应对数据来源进行选择，具体选择顺序如下： (a)项目实施区当地的调查数据； (b)相邻地区相似条件下的调查数据； (c)省级或国家水平的适用于项目实施区的数据； (d)如下默认值： （ⅰ）热带森林：0.20； （ⅱ）其它森林：0.26。
测定步骤	
说明	

6.14 需要监测的数据和参数

数据/参数	A_i
数据单位	hm^2
应用的公式编号	公式(5)公式(6)，公式(29)，公式(31)，公式(32)
描述	第 i 项目碳层的土地面积。
数据源	野外测定
测定步骤	采用国家森林资源清查或森林规划设计调查使用的标准操作程序(SOP)。
监测频率	首次核查开始，每3～10年一次。
QA/QC	采用国家森林资源清查或森林规划设计调查使用的质量保证和质量控制(QA/QC)程序。如果没有，可采用 IPCC GPG LULUCF 2003 中说明的 QA/QC 程序。
说明	在项目情景下用 $A_{PROJ,i}$ 表示，在基线情景下用 $A_{BSL,i}$ 表示。

数据/参数	A_p
数据单位	hm^2
应用的公式编号	公式(29)，公式(31)，公式(32)
描述	样地的面积
数据源	野外测定
测定步骤	采用国家森林资源清查或森林规划设计调查使用的标准操作程序(SOP)。
监测频率	每3~10年一次。
QA/QC	采用国家森林资源清查或森林规划设计调查使用的质量保证和质量控制(QA/QC)程序。如果没有，可采用 IPCC GPG LULUCF 2003 中说明的 QA/QC 程序。
说明	样地位置应用 GPS 或 Compass 记录且在图上标出。

数据/参数	x_1，x_2，x_3，……
数据单位	以长度为单位(如cm)
应用的公式编号	公式(5)
描述	测树因子。乔木通常为胸径(DBH)和树高(H)，灌木通常为基径、高、冠幅、灌径等。
数据源	野外实测
测定步骤	采用国家森林资源清查或森林规划设计调查使用的标准操作程序(SOP)。
监测频率	首次核查开始，每3~10年一次
QA/QC	采用国家森林资源清查或森林规划设计调查使用的质量保证和质量控制(QA/QC)程序。如果没有，可采用 IPCC GPG LULUCF 2003 中说明的 QA/QC 程序。
说明	

数据/参数	$V_{TREE,j,i,t}$
数据单位	m^3
应用的公式编号	公式(6)
描述	使用材积表或材积方程所得出的第 t 年第 i 项目碳层树种 j 的树干材积
数据源	野外测定如胸径 DBH、树高 H 等
测定步骤	采用国家森林资源清查或森林规划设计调查使用的标准操作程序(SOP)。
监测频率	首次核查开始，每3~10年一次
QA/QC	采用国家森林资源清查或森林规划设计调查使用的质量保证和质量控制(QA/QC)程序。如果没有，可采用 IPCC GPG LULUCF 2003 中说明的 QA/QC 程序。
说明	

数据/参数	$A_{SHURB,i,p,k,t}$
数据单位	hm^2
应用的公式编号	公式(41)
描述	第 t 年第 i 项目碳层样地 p 内样方 k 的面积。
数据源	野外测定
测定步骤	采用国家森林资源清查或森林规划设计调查使用的标准操作程序(SOP)。
监测频率	首次核查开始,每3~10年一次。
QA/QC	采用国家森林资源清查或森林规划设计调查使用的质量保证和质量控制(QA/QC)程序。如果没有,可采用 IPCC GPG LULUCF 2003 中说明的 QA/QC 程序。
说明	

数据/参数	$CC_{SHURB,i,t}$
数据单位	无量纲
应用的公式编号	公式(9)
描述	第 t 年第 i 项目碳层的灌木盖度
数据源	野外测定
测定步骤	考虑到灌木生物量相对于林木生物量较小,在估算灌木盖度时候通常采用简化的方法,如目测法、样线法、速测镜法等。
监测频率	首次核查开始,每3~10年一次
QA/QC	
说明	

数据/参数	$A_{BURN,i,t}$
数据单位	hm^2
应用的公式编号	公式(26)公式(27)
描述	第 t 年第 i 项目碳层发生火灾的面积。
数据源	野外测量或者遥感监测。
测定步骤	对发生火灾的区域边界进行定位,可采用地面 GPS 定位或是通过遥感数据反演。
监测频率	每次森林火灾发生时均须测量。
QA/QC	采用国家森林资源调查使用的质量保证和质量控制(QA/QC)程序。
说明	

7　附件

附表1　全国主要乔木树种生物量方程参考表

树种	部位	方程形式 (B=林木单株生物量, kg)	a	b	c	样本数	胸径DBH (cm)	树高H (m)	林龄 (年)	建模地点	文献来源
柏木	地上部分	$B=a\cdot(DBH^2\cdot H)^b$	0.12703	0.79975			6~20			贵州德江	安和平等,1991
	地上部分	$B=a\cdot(DBH^2\cdot H)^b$	0.1789	0.7406		16	—			四川盐亭	石培礼等,1996
福建柏	全株	$B=a\cdot(DBH^2\cdot H)^b$	0.0614	0.9119		17			10~37	福建安溪	杨宗武等,2000
	全株	$B=a\cdot DBH^b$	0.13059	2.20446		28	4.4~14.8	4.4~9.3	6~15	湖南株洲	薛秀康等,1993
侧柏	地上部分	$B=a+b\cdot(DBH^2\cdot H)$	2.57097	0.03172		75	3.9~15.2	3.16~10.35		河北易县	马增旺等,2006
黑松	全株	$B=a\cdot(DBH^2\cdot H)^b$	0.1425	0.9181		18			33	山东牟平	许景伟等,2005
红松	全株	$B=a\cdot(DBH^2\cdot H)^b$	0.30891	0.79746		53	2.8~32.8	2.80~20.71		辽宁	贾云,1985
	地上部分	$B=a\cdot(DBH^2\cdot H)^b$	0.0615	0.3815		15				白河林业局	陈传国等,1984
华山松	全株	$\ln B=a+b\cdot\ln(DBH^2\cdot H)$	-2.9132	0.9302		86	4.0~38.3	3.0~20.1	14~57	甘肃小陇山	程堂仁等,2007
黄山松	全株	$B=a\cdot(DBH^2\cdot H)^b$	0.02193	1.04658			6.0~17.95	5.75~9.15		河南商城	赵体顺等,1989
火炬松	全株	$\ln B=a+b\cdot\ln(DBH)$	-2.77631	2.52444		50			9~17	江苏句容	孔凡斌等,2003
峨眉冷杉	地上部分	$B=a\cdot(DBH^2\cdot H)^b$	0.0387	0.9293			6.2~29.1	7.7~15.8		四川峨边	宿以明等,2000
冷杉	地上部分	$B=a\cdot(DBH^2\cdot H)^b$	0.0323	0.9294		20				白河林业局	陈传国等,1984
云杉	全株	$\ln B=a+b\cdot\ln(DBH^2\cdot H)$	-3.2999	0.9501		57	5.5~45.7	6.0~20.5	10~69	甘肃小陇山	程堂仁等,2007
红皮云杉	地上部分	$B=a+b\cdot DBH+c\cdot DBH^2$	5.2883	-2.3268	0.5775	17			6~37	黑龙江绥棱	穆丽蔷等,1995
天山云杉	全株	$B=a\cdot(DBH^2\cdot H)^b$	0.73863	0.56076		50				新疆乌鲁木齐	张思玉等,2002
华北落叶松	地上部分	$B=a\cdot(DBH^2\cdot H)^b$	0.02748	0.95757			6.50~29.10	9.32~22.60		山西吕梁山	陈林娜等,1991

（续）

树种	部位	方程形式 $(B=$林木单株生物量,kg d.m.$)$	a	b	c	样本数	胸径 DBH (cm)	树高 H (m)	林龄 (年)	建模地点	文献来源
	地上部分	$B=a \cdot DBH^b \cdot H^c$	0.01736	1.82232	1.20988	44				山西关帝山	郭力勤等,1989
	地上部分	$\ln B=a+b \cdot \ln(DBH^2 \cdot H)$	-1.4325	0.6784		57				山西关帝山	罗云建等,2009
	地上部分	$\ln B=a+b \cdot \ln DBH$	-1.0541	1.7707		24				山西五台山中山	罗云建等,2009
华北落叶松	地上部分	$\ln B=a+b \cdot \ln DBH$	-3.9187	3.0349		24				山西五台山 山间盆地	罗云建等,2009
	地上部分	$B=a \cdot (DBH^2 \cdot H)^b$	0.33044	0.6827		16	1.5~21.5	3.0~16.1	6~21	山西五台山	刘再清等,1995
	全株	$B=a \cdot (DBH^2 \cdot H)^b$	0.58022	0.64403							
	地上部分	$\ln B=a+b \cdot \ln DBH$	-2.382	0.8047		32				河北塞罕坝	罗云建等,2009
兴安落叶松	地上部分	$B=a \cdot (DBH^2 \cdot H)^b$	0.1200	0.78759						辽宁东部和东北部山区	杨玉坡等,2003
	全株	$B=a \cdot (DBH^2 \cdot H)^b$	0.1500	0.78153							
日本落叶松	全株	$\ln B=a+b \cdot \ln(DBH^2 \cdot H)$	-0.95443	0.81881		35	9.7~24.4	9.2~25.5	10~33	河南栾川	赵体顺等,1999
	全株	$B=a \cdot (DBH^2 \cdot H)^b$	0.28286	0.72380		24				湖北恩施	沈作奎等,2005
落叶松	全株	$\ln B=a+b \cdot \ln(DBH^2 \cdot H)$	-3.3583	0.9552		73	6.3~31.5	5.0~20.0		甘肃小陇山	程堂仁等,2007
	地上部分	$B=a \cdot (DBH^2 \cdot H)^b$	0.14568	0.74615		28	5.0~22.0			贵州德江	安和平等,1991
马尾松	地上部分	$B=a \cdot (DBH^2 \cdot H)^b$	0.05396	0.88590		28	5.0~12.1	3.45~8.80		重庆江北	罗韧,1992
	地上部分	$\log B=a+b \cdot \log(DBH^2 \cdot H)$	-1.5794	0.9797		54	4.2~14.1	3.0~13.2	6~25	浙南	江波等,1992
	地上部分	$B=a \cdot (DBH^2 \cdot H)^b$	0.09733	0.82848		108	4.90~18.00	5.28~19.95	8~30	贵州龙里	丁贵杰等,1998
	全株	$\ln B=a+b \cdot \ln(DBH^2 \cdot H)$	-3.5234	0.9655		121	2.3~40.0	3.8~19.4	12~72	甘肃小陇山	程堂仁等,2007
油松	全株	$\ln B=a+b \cdot \ln(DBH^2 \cdot H)$	1.7401	0.3844		16				北京延庆	武会欣等,2006
	地上部分	$B=a \cdot DBH^b$	0.1002	2.3216		16				山西离石	邱扬等,1999

（续）

树种	部位	方程形式 (B＝林木单株生物量，kg d.m.)	a	b	c	样本数	胸径 DBH（cm）	树高 H（m）	林龄（年）	建模地点	文献来源
	地上部分	$B=a\cdot(DBH^2\cdot H)^b$	0.05189	0.91388		16				山西太谷	肖　扬等,1983
	地上部分	$\ln B=a+b\cdot\ln(DBH^2\cdot H)$	−3.0861	0.90625		96	3.0~36.0	4.0~21.0		内蒙宁城	马钦彦,1987
油松	树干		−1.4475	0.91389							
	树枝	$\log B=a+b\cdot\log(DBH^2\cdot H)$	−2.019	0.90879		114				河北承德	马钦彦,1983
	树叶		−1.6705	0.76205							
	树干		−1.3557	0.86795							
	树枝	$\log B=a+b\cdot\log(DBH^2\cdot H)$	−2.7186	1.10705		106				山西太岳	马钦彦,1983
	树叶		−2.3155	0.95055							
樟子松	树干		−0.79108	0.69528							
	树枝	$\log B=a+b\cdot\log(DBH^2\cdot H)$	−0.7908	0.56789		262	5.3~16.5	3.3~11.2		辽宁章古台	焦树仁,1985
	树叶		−0.84648	0.52498							
	树根		−0.66268	0.53728							
	地上部分	$B=a\cdot DBH^b\cdot H^F$	0.08558	2.00651	0.45839	139	4.20~34.50	3.45~22.45	11~47	黑龙江佳木斯	贾炜玮等,2008
云南松	地上部分	$\log B=a+b\cdot\log(DBH^2\cdot H)$	−0.8093	1.2660		>60	4.3~22.0	2.0~17.0	6~23	四川凉山	江　洪等,1985
湿地松	地上部分	$\log B=a+b\cdot\log(DBH^2\cdot H)$	−1.9929	1.098		21	8.1~17.7	5.0~11.4	6~15	浙南	江　波等,1992
	地上部分	$B=a\cdot(DBH^2\cdot H)^b$	0.009	1.1215		24				广西武宣	谌小勇等,1994
	地上部分	$B=a\cdot(DBH^2\cdot H)^b$	0.05405	2.4295		19				江西干烟洲	马泽清等,2008
	地上部分	$B=a\cdot(DBH^2\cdot H)^b$	0.10301	0.77726			6~22			贵州德江	安和平等,1991
	地上部分	$B=a\cdot(DBH^2\cdot H)^b$	0.02106	0.9476		22	9.6~25.9	8.4~14.5	20	江西干烟洲	李轩然等,2006
杉木	地上部分	$B=a\cdot(DBH^2\cdot H)^b$	0.0356	0.9053		32	5.0~25.0	6.22~20.92	7~26	福建洋口林场	叶镜中等,1984
	树干	$B=a\cdot(DBH^2\cdot H)^b$	0.02649	0.80241							

（续）

树种	部位	方程形式（$B=$林木单株生物量，kg d.m.）	a	b	c	样本数	胸径 DBH (cm)	树高 H (m)	林龄（年）	建模地点	文献来源
杉木	树枝	$B=a\cdot(DBH^2\cdot H)^b$	0.00604	0.33882		162				湖南会同	康文星等,2004
	树叶	$\log B=a+b\cdot\log(DBH)$	−2.74521	3.04085							
	树根	$B=a\cdot(DBH^2\cdot H)^b$	0.03262	0.7271							
	全株	$B=a\cdot(DBH^2\cdot H)^b$	0.2236	0.6912		103	6.10~20.25	3.94~15.95		浙江开化	林生明等,1991
	地上部分	$B=a\cdot DBH^b$	0.4776	1.5807		33	2.0~16.0	2~18		江苏镇江	叶镜中等,1983
	地上部分	$B=a\cdot(DBH^2\cdot H)^b$	0.08371	2.31003		118			11~25	湖南株州	李海铁,1988
	全株	$B=a\cdot(DBH^2\cdot H)^b$	0.1043	0.8335			7.95~19.60	6.10~16.90		闽江流域	周国模等,1996
	地上部分	$B=a\cdot DBH^b\cdot H^c$	0.062	1.769	0.774	260				浙江庆元	张世利等,2008
	地上部分	$\log B=a+b\cdot\log(DBH^2\cdot H)$	−1.0769	0.8026		30				浙江北部	高智慧等,1992
水杉	地上部分	$\ln B=a+b\cdot\ln(DBH^2\cdot H)$	−2.2311	0.7659		18	3.2~24.8	3.5~15.9	6~19	江苏东台	季永华等,1997
	地上部分	$\ln B=a+b\cdot\ln(DBH^2\cdot H)$	−1.8998	0.7271		15	1.9~15.8	2.2~11.4	5~15	江苏如东	季永华等,1997
柳杉	树干	$B=a\cdot(DBH^2\cdot H)^b$	0.1117	0.7096		20					
	枝叶	$B=a+b\cdot DBH^2$	3.432	0.05706		15	10.0~26.0	10.0~17.0	16~19	四川洪雅	黄道存,1986
尾叶桉	地上部分	$B=a\cdot DBH+b\cdot DBH+c\cdot DBH^2$	13.372	5.8931	0.8481	35			1~6	广东湛江	黄月琼等,2001
隆缘桉	地上部分	$B=a\cdot(DBH^2\cdot H)^b$	0.04913	0.89497		99				广东	郑海水等,1995
雷州1号桉	地上部分	$B=a\cdot(DBH^2\cdot H)^b$	0.03471	0.95078		70	2.0~14.0	4.0~16.0		广东雷州林业局	谢正生等,1995
柠檬桉	地上部分	$B=a\cdot(DBH^2\cdot H)^b$	0.05124	0.89852		82	2.0~18.0	3.0~19.0		广东雷州林业局	谢正生等,1995
毛赤杨	全株	$B=a\cdot e^{b\cdot DBH}$	1.9055	0.2349		24				长白山	牟长城等,2004
桤木	地上部分	$B=a\cdot(DBH^2\cdot H)^b$	0.117	0.7577		16				四川盐亭	石培礼等,1996

（续）

树种	部位	方程形式 （B=林木单株生物量，kg d.m.）	参数值 a	参数值 b	参数值 c	样本数	适用范围 胸径 DBH（cm）	适用范围 树高 H（m）	林龄（年）	建模地点	文献来源
	树干	$\ln B = a + b \cdot \ln(DBH^2 \cdot H)$	−2.89553	0.86764		420				河北平山	黄泽舟等,1992
	树枝		−3.71916	0.79079							
	树叶		−2.90872	0.45739							
刺槐	全株	$\log B = a + b \cdot \log(DBH)$	−0.85478	2.52429		33	4.5~24.7	6.6~21.9		河南尉氏/通许/开封/中牟/新郑	李增禄等,1990
	树干	$B = a \cdot (DBH^2 \cdot H)^b$	0.02583	0.95405		31	4.0~16.0	6.4~14.2		陕西长武	张柏林等,1992
	树皮		0.00763	0.94478							
	树枝		0.00464	3.21307							
	树叶		0.02340	1.92788							
枫香	树干	$B = a \cdot (DBH^2 \cdot H)^b$	0.0927	0.8006		34			17	福建顺昌	钱国钦,2000
	树枝		0.0825	0.6490							
	树叶		1.0836	0.2166							
白桦	全株	$B = a \cdot e^{b \cdot DBH}$	2.1392	0.2557		27				长白山	牟长城等,2004
	全株	$\ln B = a + b \cdot \ln(DBH^2 \cdot H)$	−2.836	0.9222		92	5.1~44.2	5.0~22.3		甘肃小陇山	程堂仁等,2007
白桦和棘皮桦	全株	$B = a \cdot (DBH^2 \cdot H)^b$	0.0327	0.9951		18	5.8~23.8		6.1~14.5	北京门头沟	方精云等,2006
大叶相思	地上部分	$B = a \cdot DBH^b$	0.31334	1.93709		249	1.0~11.5	3.0~5.0			郑海水等,1994
桉树	地上部分	$B = a \cdot DBH^b$	0.0941	2.5658		12	3.2~31.6	5.0~18.3		广西恭城	卢琦等,1990
元江栲	全株	$B = a \cdot (b + DBH)^2$	0.6131	−0.9678		17	4.5~31.2			云南嵩明	党承林等,1994
乳状石栎	全株	$B = a \cdot (b + DBH)^2$	0.7205	−1.040		15	4.7~28.6			云南嵩明	党承林等,1994

（续）

树种	部位	方程形式（B=林木单株生物量，kg d.m.）	参数值 a	b	c	样本数	适用范围 胸径 DBH (cm)	树高 H (m)	林龄 (年)	建模地点	文献来源
栓皮栎	树干		1.7271	0.0015						四川沱江流域	刘兴良等,1997
	树皮		-5.0662	1.0506							
	树枝	$\ln B = a + b \cdot \ln(DBH^2 \cdot H)$	-4.5282	0.8745		224					
	树叶		-4.9172	0.9257							
	树根		-0.2775	0.4539							
木麻黄	全株	$\ln B = a + b \cdot \ln(DBH^2 \cdot H)$	-1.8272	0.7964		21				福建东山	张水松等,2000
	树干		2.1898	0.7818							
	树枝	$B = a \cdot (DBH^2 \cdot H)^b$	1.5646	0.8621		300				福建平潭	黄义雄等,1996
	树叶		1.4146	0.8767							
	树根		1.7529	0.8376							
楠木	地上部分	$\ln B = a + b \cdot \ln(DBH^2 \cdot H)$	-2.05571	0.94293		21	5.0~36.9	4.5~20.4	5~53	江西安福	钟全林等,2001
泡桐	地上部分	$B = a \cdot DBH^b$	0.11246	2.22289		26	18.3~40.5		8	河南扶沟	蒋建平等,1989
	全株	$B = a \cdot DBH^b$	0.07718	2.27589		27	4~44		>5	河南扶沟：农桐间作	杨修等,1999
	全株	$B = a \cdot DBH^b$	0.04234	0.92868		91			1~20	河南许昌：山地	魏鉴章等,1983
	全株	$B = a \cdot DBH^b$	0.09727	0.86973		92			1~20	河南许昌：平原	魏鉴章等,1983
热带山地雨林	地上部分	$B = a \cdot (DBH^2 \cdot H)^b$	0.04569	0.96066		171				海南琼中	黄全等,1991
热带季雨林	地上部分	$B = a \cdot (DBH^2 \cdot H)^b$	0.11312	0.84065		22				海南尖峰岭	李意德,1993

（续）

树种	部位	方程形式 （B=林木单株生物量，kg d.m.）	参数值 a	b	c	样本数	适用范围 胸径 DBH（cm）	树高 H（m）	林龄（年）	建模地点	文献来源
石灰山季雨林（小径级乔木）	全株	$B=a\cdot DBH^b$	0.2295	2.2311			2.0~5.0			云南勐腊	戚剑飞等,2008
石灰山季雨林（中径级乔木）	全株	$B=a\cdot DBH^b$	0.1808	2.4027		45	5.0~20.0			云南勐腊	戚剑飞等,2008
石灰山季雨林（大径级乔木）	全株	$B=a\cdot DBH^b$	02956	2.26921		12	20.0~88.4			云南勐腊	戚剑飞等,2008
毛白杨	全株	$\ln B=a+b\cdot\ln(DBH^2\cdot H)$	-1.1142	0.8964		21	DBH: 9.3~20.0 H: 7.4~18.3			山东冠县	徐孝庆等,1987
南方型杨树	树干 树皮 树枝 树叶 树根	$B=a\cdot(DBH^2\cdot H)^b$	0.0300 0.0028 0.0174 0.4562 0.0040	0.8734 0.9875 0.8578 0.3193 0.9035		62				湖北石首/公安/洪湖/监利/潜江/沙洋/襄樊/枣阳/钟祥/天门等	唐万鹏等,2004
藏青杨/银白杨/北京杨/箭杆杨	全株	$B=a\cdot(DBH^2\cdot H)^b$	0.07052	0.93817		43				西藏	关洪书等,1993
新疆杨	全株	$B=a\cdot DBH^b\cdot H^c$	0.03293	1.99960	0.85005	45			8~23	新疆疏勒/麦盖提/叶城等县	陈章水等,1988

（续）

树种	部位	方程形式 （B=林木单株生物量，kg d.m.）	参数值			样本数	适用范围			建模地点	文献来源
			a	b	c		胸径 DBH（cm）	树高 H（m）	林龄（年）		
健杨	树干 树枝 树叶 树根	$B=a\cdot(DBH^2\cdot H)^b$	0.01372 0.00022 0.00462 0.09858	1.00591 1.29693 0.80926 0.63615		103	10.0~33.0	11.0~26.0	3~14	山东长清	王彦等，1990
I~214杨	树干 树枝 树叶 树根	$B=a\cdot(DBH^2\cdot H)^b$	0.00235 0.00087 0.05072 0.02586	1.18784 1.12873 0.53636 0.71964		41	13.0~31.0	15.0~25.0	3~14	山东长清	王彦等，1990
I~72杨	全株	$B=a\cdot(DBH^2\cdot H)^b$	0.015	1.032		23	12.0~36.0		10	河南武陟	李建华等，2007
胡杨	全株	$B=a\cdot(DBH^2\cdot H)^b$	0.1221	0.7813		24	3.5~33.5	3.18~12.54	幼龄木~成熟林	塔里木河中游	陈炳浩等，1984
山杨	全株	$\ln B=a+b\cdot\ln(DBH^2\cdot H)$	-2.836	0.9222		92	5.1~44.2	5.0~22.3		甘肃小陇山	程堂仁等，2007
楝树	全株	$B=a\cdot DBH^b$	0.2191	2.0052		16				重庆南岸	吴刚等，1994
桐花树	地上	$B=a\cdot(DBH^2\cdot H)^b$	0.02039	0.83749		18	2.5~9.2	1.40~2.49		广西龙门岛	宁世江等，1996

注：附表1中有些生物量方程由于建模样本少，代表性差，仅供参考。具体项目选用生物量方程时要进行适用性检验，并尽量选用国家林业行业标准发布的生物量方程。

参考文献

[1]安和平，金小麒，杨成华. 板桥河小流域治理前期主要植被类型生物量生长规律及森林生物量变化研究[J]. 贵州林业科技，1991，19(4)：20-34.

[2]杨宗武，谭芳林，肖祥希，等. 福建柏人工林生物量的研究[J]. 林业科学，2000，36(专刊1)：120-124.

[3]潘攀，李荣伟，向成华，等. 墨西哥柏人工林生物量和生产力研究[J]. 长江流域资源与环境，2002，11(2)：133-136.

[4]王金叶，车克钧，傅辉恩，等. 祁连山水源涵养林生物量的研究[J]. 福建林学院学报，1998，18(4)：319-323.

[5]马增旺，毕君，孟祥书，等. 人工侧柏林单株生物量研究[J]. 河北林业科技，2006(3)：1-3.

[6]石培礼，钟章成，李旭光. 四川桤柏混交林生物量的研究[J]. 植物生态学报，1996，20(6)：524-533.

[7]薛秀康，盛炜彤. 朱亭福建柏人工林生物量研究[J]. 林业科技通讯，1993(4)：16-19.

[8]王玉涛，马钦彦，侯广维，等. 川西高山松林火烧迹地植被生物量与生产力恢复动态[J]. 林业科技，2007，32(1)：37-40.

[9]张旭东，吴泽民，彭镇华. 黑松人工林生物量结构的数学模型[J]. 生物数学学报，1994，9(5)：60-65.

[10]许景伟，李传荣，王卫东，等. 沿海沙质岸黑松防护林的生物量及生产力[J]. 东北林业大学学报，2005，33(6)：29-32.

[11]贾云，张放. 辽宁草河口林区红松人工纯林生物产量的调查研究[J]. 辽宁林业科技，1985，(5)：18-23.

[12]陈传国，郭杏芳. 阔叶红松林生物量的研究[J]. 林业勘察设计，1984(2)：10-20.

[13]程堂仁，马钦彦，冯仲科，等. 甘肃小陇山森林生物量研究[J]. 北京林业大学学报，2007，29(1)：31-36.

[14]赵体顺，张培从. 黄山松人工林抚育间伐综合效应研究[J]. 河南农业大学学报，1989，23(4)：409-421.

[15]胡道连，李志辉，谢旭东. 黄山松人工林生物产量及生产力的研究[J]. 中南林学院学报，1998，18(1)：60-64.

[16]吴泽民，吴文友，卢斌. 安徽大别山黄山松林分生物量及物质积累与分配[J]. 安徽农业大学学报，2003，30(3)：294-298.

[17]孔凡斌，方华. 不同密度年龄火炬松林生物量对比研究[J]. 林业科技，2003，28(3)：

6 - 9.

[18]宿以明，刘兴良，向成华．峨眉冷杉人工林分生物量和生产力研究[J]．四川林业科技，2000，21(2)：31 - 35.

[19]陈德祥，李意德，骆土寿，等．海南岛尖峰岭鸡毛松人工林乔木层生物量和生产力研究[J]．林业科学研究，2004，17(5)：598 - 604.

[20]陈林娜，肖扬，盖强，等．庞泉沟自然保护区华北落叶松森林群落生物量的初步研究——群落结构、生物量和净生产力[J]．山西农业大学学报，1991，11(3)：240 - 245.

[21]杨玉林，高俊波，曹飞，等．抚育间伐对落叶松生长量的影响[J]．吉林林业科技，2003，32(5)：21 - 24.

[22]赵体顺，光增云，赵义民，等．日本落叶松人工林生物量及生产力的研究[J]．河南农业大学学报，1999，33(4)：350 - 353.

[23]郭力勤，肖扬．华北落叶松天然林立木重量的试编．林业资源管理[J]，1989(5)：36 - 39.

[24]刘再清，陈国海，孟永庆，等．五台山华北落叶松人工林生物生产力与营养元素的积累[J]．林业科学研究，1995，8(1)：88 - 93.

[25]沈作奎，鲁胜平，艾训儒．日本落叶松人工林生物量及生产力的研究[J]．湖北民族学院(自然科学版)，2005，23(3)：289 - 292.

[26]罗云建，张小全，王效科，等．华北落叶松人工林生物量及其分配模式[J]．北京林业大学学报，2009，31(1)：13 - 18.

[27]罗韧．抚育间伐对马尾松生物生产力的影响[J]．四川林业科技，1992，13(2)：29 - 34.

[28]江波，袁位高，朱光泉，等．马尾松、湿地松和火炬松人工林生物量与生产结构的初步研究[J]．浙江林业科技，1992，12(5)：1 - 9.

[29]丁贵杰，王鹏程，严仁发．马尾松纸浆商品用材林生物量变化规律和模型研究[J]．林业科学，1998，34(1)：33 - 41.

[30]李轩然，刘琪璟，陈永瑞，等．千烟洲人工林主要树种地上生物量的估算[J]．应用生态学报，2006，17(8)：1382 - 1388.

[31]武会欣，史月桂，张宏芝，等．八达岭林场油松林生物量的研究[J]．河北林果研究，2006，21(3)：240 - 242.

[32]邱扬，张金屯，柴宝峰，等．晋西油松人工林地上部分生物量与生产力的研究[J]．河南科学，1999(17)：72 - 77.

[33]肖扬，吴炳森，陈宝强，等．油松林地上部分生物量研究初报[J]．山西林业科技，1983(2)：5 - 14.

[34]马钦彦．内蒙古黑里河油松生物量研究[J]．内蒙古林学院学报，1987(2)：13 - 22.

[35]焦树仁．辽宁章古台樟子松人工林的生物量与营养元素分布的初步研究[J]．植物生态学与地植物学丛刊，1985，9(4)：257 - 265.

[36]贾炜玮，姜生伟，李凤日．黑龙江东部地区樟子松人工林单木生物量研究[J]．辽宁林业科技，2008(3)：5-10.

[37]江洪，林鸿荣．飞播云南松林分生物量和生产力的系统研究[J]．四川林业科技，1985(4)：1-10.

[38]谌小勇，项文化，钟建德．不同密度湿地松林分生物量的研究[M]．哈尔滨：东北林业大学出版社，1994.

[39]马泽清，刘琪璟，王辉民，等．中亚热带人工湿地松林生产力观测与模拟[J]．中国科学D辑：地球科学，2008，38(8)：1005-1015.

[40]马钦彦．华北油松人工林单株林木的生物量[J]．北京林学院学报，1983(4)：1-16.

[41]叶镜中，姜志林，周本琳，等．福建省洋口林场杉木林生物量的年变化动态[J]．南京林学院学报，1984(4)：1-9.

[42]康文星，田大伦，闫文德，等．杉木林杆材阶段能量积累和分配的研究[J]．林业科学，2004，40(5)：205-209.

[43]林生明，徐土根，周国模．杉木人工林生物量的研究[J]．浙江林学院学报，1991，8(3)：288-294.

[44]叶镜中，姜志林．苏南丘陵杉木人工林的生物量结构[J]．生态学报，1983，3(1)：7-14.

[45]李炳铁．杉木人工林生物量调查方法的初步探讨[J]．林业资源管理，1988(6)：57-60.

[46]周国模，姚建祥，乔卫阳，等．浙江庆元杉木人工林生物量的研究[J]．浙江林学院学报，1996，13(3)：235-242.

[47]张世利，刘健，余坤勇．基于SPSS相容性林分生物量非线性模型研究[J]．福建农林大学学报：自然科学版，2008，37(5)：496-500.

[48]穆丽蔷，张捷，刘祥君，等．红皮云杉人工林乔木层生物量的研究[J]．植物研究，1995，15(4)：551-557.

[49]张思玉，潘存德．天山云杉人工幼林相容性生物量模型[J]．福建林学院学报，2002，22(3)：201-204.

[50]高智慧，蒋国洪，邢爱金，等．浙北平原水杉人工林生物量的研究[J]．植物生态学与地植物学学报，1992，16(1)：64-71.

[51]季永华，张纪林，康立新．海岸带复合农林业水杉林带生物量估测模型的研究[J]．江苏林业科技，1997，24(2)：1-5.

[52]黄月琼，陈士银，吴小凤．尾叶桉各器官生物量估测模型的研究[J]．安徽农业大学学报，2001，28(1)：44-48.

[53]郑海水，翁启杰，黄世能．窿缘桉生物量表的编制[J]．广东林业科技，1995，11(1)：41-46.

[54]曾天勋．雷州短轮伐期桉树生态系统研究[M]．北京：中国林业出版社，1995.

［55］牟长城，万书成，苏平，等. 长白山毛赤杨和白桦沼泽生态交错带群落生物量分布格局［J］. 应用生态学报，2004，15(12)：2211－2216.

［56］黄则舟，毕君. 太行山刺槐林分生物量研究［J］. 河北林业科技，1992(2)：48－52.

［57］李增禄，张楷，马洪志. 豫东沙区刺槐人工林经营数表编制的研究［J］. 河南农业大学学报，1990，24(3)：319－326.

［58］张柏林，陈存根. 长武县红星林场刺槐人工林的生物量和生产量［J］. 陕西林业科技，1992(3)：13－17.

［59］方精云，刘国华，朱彪，等. 北京东灵山三种温带森林生态系统的碳循环［J］. 中国科学 D 辑：地球科学，2006，36(6)：533－543.

［60］郑海水，翁启杰，周再知，等. 大叶相思材积和生物量表的编制［J］. 林业科学研究，1994，7(4)：408－413.

［61］卢琦，李治基，黎向东. 栲树林生物生产力模型［J］. 广西农学院学报，1990，9(3)：55－64.

［62］党承林，吴兆录. 元江栲群落的生物量研究［J］. 云南大学学报：自然科学版，1994，16(3)：195－199.

［63］刘兴良，鄢武先，向成华，等. 沱江流域亚热带次生植被生物量及其模型［J］. 植物生态学报，1997，21(5)：441－454.

［64］张水松，叶功富，徐俊森，等. 滨海沙土立地条件与木麻黄生长关系的研究［J］. 防护林科技，2000(专刊1)：1－5，14.

［65］黄义雄，沙济琴，谢皎如，等. 福建平潭岛木麻黄防护林带的生物生产力［J］. 生态学杂志，1996，15(2)：4－7.

［66］钟全林，张振瀛，张春华，等. 刨花楠生物量及其结构动态分析［J］. 江西农业大学学报，2001，23(4)：533－536.

［67］杨修，吴刚，黄冬梅，等. 兰考泡桐生物量积累规律的定量研究［J］. 应用生态学报，1999，10(2)：143－146.

［68］蒋建平，杨修，李荣幸. 泡桐人工林生态系统的研究(Ⅳ)：净生产力和有机质归还［J］. 河南农业大学学报，1989，23(4)：327－337.

［69］魏鉴章，吴理安，赵海琳，等. 泡桐生物产量问题的研究［J］. 河南林业科技，1983(增刊1)：8－23.

［70］黄全，李意德，赖巨章，等. 黎母山热带山地雨林生物量研究［J］. 植物生态学与地植物学学报，1991，15(3)：197－206.

［71］李意德. 海南岛热带山地雨林林分生物量估测方法比较分析［J］. 生态学报，1993，13(4)：313－320.

［72］戚剑飞，唐建维. 西双版纳石灰山季雨林的生物量及其分配规律［J］. 生态学杂志，2008，27(2)：167－177.

［73］徐孝庆，陈之瑞. 毛白杨人工林生物量的初步研究［J］. 南京林业大学学报，1987(1)：

130－136.

[74]唐万鹏，王月容，郑兰英．南方型杨树人工林生物量与生产力研究[J]．湖北林业科技，2004（增刊）：43－47.

[75]陈章水，方奇．新疆杨元素含量与生物量研究[J]．林业科学研究，1988，1(5)：535－540.

[76]关洪书，刘玉林．西藏一江两河中部流域杨树人工林生物量的研究[J]．林业科技通讯，1993(9)：20－22，32.

[77]王彦，李琪，张佩云，等．杨树丰产林生物量和营养元素含量的研究[J]．山东林业科技，1990（2）：1－7.

[78]李建华，李春静，彭世揆．杨树人工林生物量估计方法与应用[J]．南京林业大学学报：自然科学版，2007，31(4)：37－40.

[79]陈炳浩，李护群，刘建国．新疆塔里木河中游胡杨天然林生物量研究[J]．新疆林业科技，1984（3）：8－16.

[80]吴刚，章景阳，王星．酸沉降对重庆南岸马尾松针叶林年生物生产量的影响及其经济损失的估算[J]．环境科学学报，1994，14(4)：461－465.

第二章 竹子造林碳汇项目方法学

编制说明

竹林作为一种特殊的植被类型，是我国重要的森林类型之一。我国竹子资源十分丰富，是世界上竹类分布最广、资源最丰富的国家，在竹子栽培、利用等方面具有悠久的历史，被誉为"竹子王国"。竹子造林是我国重要的造林类型之一，而现有的 CDM 造林再造林项目方法学不适用于竹子造林。

本方法学在传统 CDM 造林再造林方法学的基础上，增加了竹产品碳库；提供了可供项目参与方选择的新的基线情景识别和额外性论证程序；提供竹子造林碳计量方法。

本方法学由国家林业局造林绿化管理司（气候办）组织编制并归口。

编写单位：大自然保护协会、浙江农林大学、中国 21 世纪议程管理中心、国际竹藤组织、北京环境交易所、中国绿色碳汇基金会、云南 CDM 项目技术服务中心、中国标准化研究院、云南勐象竹业有限公司、中国林科院亚热带林业研究所、法国开发署、华东林业产权交易所。

主要起草人：张小全、施拥军、李金良。

1 来源

本方法学参考了下述 CDM 执行理事会批准的程序、方法学工具和指南：

(1)CDM 造林再造林项目活动基线情景识别和额外性论证的组合工具(V01,EB35)；

(2)CDM 造林再造林项目活动监测样地数量的计算工具(V02.1.0,EB58)；

(3)CDM 造林再造林项目活动导致的生物质燃烧引起的非 CO_2 温室气体排放的估算工具(V04.0.0,EB65)；

(4)CDM 造林再造林项目活动导致的土壤有机碳储量变化的估算工具(V01.1.0,EB60)；

(5)CDM 造林再造林项目活动林木和灌木碳储量及其变化的估算工具(V03.0.0,EB70)；

(6)CDM 造林再造林项目活动枯死木和枯落物碳储量及其变化的估算工具(V02.0.0,EB67)。

2 规范性引用文件

除参考上述 CDM 执行理事会批准的最新版本的程序、方法学工具和指南外，下列文件及其更新版本对于本方法学的应用是必不可少的：

(1)温室气体自愿减排交易管理暂行办法(国家发展和改革委员会,发改气候[2012]1668 号)

(2)碳汇造林技术规定(试行)(国家林业局,办造字[2010]84 号)

(3)(GB/T15776－2006)造林技术规程

(4)(GB/T20391－2006)毛竹林丰产技术

(5)国家森林资源连续清查主要技术规定(国家林业局,林资发[2004]25 号)

3 定义

本方法学及其应用采用下述定义：

竹林：是指连续面积不小于 $0.067hm^2$、郁闭度不低于 0.2、成竹竹秆高度不低于 2m、竹秆胸径（或眉径）不小于 2cm 的以竹类为主的植物群落。竹林是中国森林的一种类型。

小竹丛：是指成竹竹秆高度低于 2m 或竹秆胸径（或眉径）小于 2cm 的任何竹类植物群落。小竹丛不属于森林范畴。

大径散生竹林：指成竹竹秆高度大于 6m、竹秆胸径（或眉径）大于 5cm 的单轴散生型竹林。

大径丛生竹林：指成竹竹秆高度大于 6m、竹秆胸径（或眉径）大于 5cm 的合轴丛生型竹林。

小径散生竹林：指成竹竹秆高度大于 6m、竹秆胸径（或眉径）2~5cm 的单轴散生竹林。

小径丛生竹林：指成竹竹秆高度大于 6m、竹秆胸径（或眉径）2~5cm 的合轴丛生竹林。

复轴混生型竹林：指成竹竹秆高度大于 6m、竹秆胸径（或眉径）大于 5cm 的单轴和合轴混生的竹林。

立竹度：指单位面积内正常生长的竹子（病死竹、倒伏竹除外）的数量。

土壤扰动：是指导致土壤有机碳降低的活动，如整地、松土、翻耕、挖树桩（根）或竹篼等。

基线情景：指在没有拟议的竹子造林项目活动时，最能合理地代表项目边界内土地利用和管理未来的可能情景。

项目情景：指拟议的竹子造林项目活动下的土地利用和管理情景。

碳库：包括地上生物量、地下生物量、枯落物、枯死木和土壤有机质。

地上生物量：土壤层以上以干重表示的本本植被（包括竹类）活体的生物量，包括干、桩、枝、皮、种子、花、果和叶等。

地下生物量：所有本本植被（包括竹类）活根的生物量。由于细根（直径≤2mm）通常很难从土壤有机成分或枯落物中区分出来，因此通常不包括该部分。

枯落物：土壤层以上、直径小于 5cm、处于不同分解状态的所有死生物量，包括凋落物、腐殖质，以及不能从经验上从地下生物量中区分出来的活细根（直径≤2mm）。

枯死木：枯落物以外的所有死生物量，包括枯立木、枯倒木以及直径大于或等于 5cm 的枯枝、死根和树桩。

土壤有机质：一定深度内（通常为 100cm）矿质土和有机土（包括泥炭土）中的有机质，包括不能根据经验从地下生物量中区分出来的活细根（直径≤2mm）。

泄漏：指由拟议的竹子造林项目活动引起的、发生在项目边界之外的、可测量的温室气体源排放的增加。

计入期：指项目情景相对于基线情景产生额外的温室气体减排量的时间区间。

基线碳汇量：指在基线情景下，项目边界内碳库中碳储量变化之和。

项目碳汇量：指在项目情景下，项目边界内所选碳库中碳储量变化量，减去由拟议的竹子造林项目活动引起的项目边界内温室气体排放的增加量。

项目减排量：指竹子造林项目活动引起净温室气体减排量，其等于项目碳汇量，减去基线碳汇量，再减去泄漏量。

额外性：指拟议的竹子造林项目活动产生的项目碳汇量高于基线情景下的基线碳汇量的情形。这种额外的碳汇量在没有拟议的竹子造林项目活动时是不会产生的。

4　适用条件

本方法学适用于采用竹子进行造林的项目活动，其具体适用条件包括：

（1）项目地不属于湿地。

（2）如果项目地属下列情况之一，竹子造林或营林过程中对土壤的扰动不超过地表面积的 10%：

（a）土壤为有机土；

（b）符合下列条件的草地：

管理方式	有机碳输入
改良草地——中度放牧下的可持续利用，至少存在一种改良措施（施肥、草种改良、灌溉）	
未退化草地——非退化或可持续管理的草地，未实施改良措施	
中度退化草地——过牧或中度退化，相对于未退化草地，生产力较低，未实施改良措施	高输入：实施了除改良草地的措施外的其他改良措施

（c）符合下列条件的农地：

土地利用	耕作方式	有机碳输入
短期作为农地、休(弃)耕地(休耕、弃耕期短于20年，或其他已生长多年生草本植物的闲置农地)。	全耕——充分翻耕或频繁(年内)耕作导致强烈土壤扰动。在种植期地表残体盖度低于30%。	高输入，且施用粪肥：在中等碳输入的农作系统中定期施用动物粪肥，使碳输入显著增加。
	减耕——对土壤的扰动较低(通常耕作深度浅，不充分翻耕)。在种植期地表残体盖度通常大于30%。	高输入，且施用粪肥：在中等碳输入的农作系统中定期施用动物粪肥，使碳输入显著增加。
		高输入，不施用粪肥：在中等碳输入的农作系统中，由于种植产生大量作物残体的作物、使用绿肥、种植覆盖作物、植被休耕、灌溉、一年生作物轮作中频繁使用多年生草本等措施，使作物残体输入量明显增大。
	免耕——播种前不经初耕，仅在播种带上有最低限度的土壤扰动。一般使用杀虫剂控制杂草。	中等输入：一年生谷类作物残体全部返还农地。如果残体被收获，则补施有机肥(如粪肥)，也包括施用矿质肥料或轮作固氮作物。
		高输入，且施用粪肥(同上)
		高输入，不施用粪肥(同上)
长期农耕地(连续耕作20年以上，以一年生作物为主)	免耕——播种前不经初耕，仅在播种带上有最低限度的土壤扰动。一般使用杀虫剂控制杂草。	高输入，且施用粪肥(同上)

（3）项目地适宜竹子生长，种植的竹子最低高度能达到2m，且竹秆胸径（或眉径）至少可达到2cm，地块连续面积不小于0.0667hm²（1亩），郁闭度不小于0.20。

（4）项目活动不采取烧除的林地清理方式（炼山），对土壤的扰动符合水土保持要求，如沿等高线进行整地，不采用全垦的整地方式。

（5）项目活动不清除原有的散生林木。

5　基线和碳计量方法

5.1　项目边界

竹子造林项目活动的"项目边界"是指，由拥有土地所有权或使用权的项目参与方实施的竹子造林项目活动的地理范围，也包括以竹子造林活动的产品为原材料生产的竹产品的使用地点。一个竹子造林项目活动可在若干个不同的地块上进行，但每个地块应有特定的地理边界，该边界不包括位于两个或多个地块之间的土地。

项目边界包括事前项目边界和事后项目边界。事前项目边界是在项目设计和开发阶段确定的项目边界，是拟实施竹子造林项目活动的地理边界。事前项目边界可采用下述方法之一确定：

（1）采用全球定位系统（GPS）、北斗卫星导航系统（Compass）或其他卫星导航系统，进行单点定位或差分技术直接测定项目地块边界的拐点坐标，单点定位误差不大于5米。

（2）利用高分辨率的地理空间数据（如卫星影像、航片）、森林分布图、林相图等，在地理信息系统（GIS）辅助下直接读取项目地块的边界坐标。

（3）使用大比例尺地形图（比例尺不小于1∶10000）进行现场勾绘，结合GPS、Compass等定位系统进行精度控制。

事后项目边界是在项目监测时确定的、项目核查时核实的、实际实施的项目活动的边界。事后项目边界可采用上述方法（1）或（2）进行，面积测定允许误差小于5%。

在项目审定和核查时，项目参与方须提交地理信息系统（GIS）产出的项目边界的矢量图形文件（.shp文件）。在项目审定时，项目参与方须提供占项目活动总面积三分之二或以上的项目参与方的土地所有权或使用权的证据。在首次核查时，项目参与方须提供所有项目地块的土地所有权或使用权的证据，如县（含县）级以上人民政府核发的土地权属证书或其他有效的证明材料。

5.2　土地合格性

项目参与方须采用下述程序证明项目边界内的土地合格性[①]：

（1）提供透明的信息证明，在项目开始时，项目边界内的土地符合下列所有条件：

（a）植被状况不符合我国政府定义森林的阈值标准，即植被状况不同时满足下列所有条件：（i）郁闭度 ≥ 0.20，（ii）树高 ≥ 2m，（iii）面积 ≥ 0.0667hm² (1亩)，（iv）如果为竹类，竹秆胸径（或眉径）≥2cm；

（b）如果地块上有天然或人工幼树，其继续生长不会达到我国政府定义

---

① 基于"证明CDM造林再造林项目活动土地合格性的程序（V01.0，EB35）"修改而来。

森林的阈值标准；

（c）项目地块不属于因采伐或自然干扰而产生的临时的无林地（迹地）。

（2）提供透明的信息证明，自 2005 年 2 月 16 日起，项目活动所涉每个地块上的植被状况符合上述（1）（a）的条件。

（3）为证明上述（1）和（2），项目参与方须提供下列证据之一，以根据我国政府确定的森林定义标准，区分有林地和无林地，以及可能的土地利用方式的变化：

（a）经过地面验证的高分辨率的地理空间数据（如卫星影像、航片）；

（b）森林分布图、林相图或其他林业调查规划空间数据；

（c）土地权属证或其他可用于证明的书面文件。

如果没有上述（a）~（b）的资料，项目参与方须呈交通过参与式乡村评估（PRA）方法获得的书面证据。

5.3 碳库和温室气体排放源选择

在项目边界内考虑的碳库如表1。本方法学对项目边界内的温室气体排放源的选择如表2。

表 1　竹子造林项目活动的碳库选择

碳库	考虑或不考虑	理由或解释
地上生物量	考虑	项目活动的主要碳库
地下生物量	考虑	项目活动的主要碳库
枯死木	不考虑	与基线情景相比该碳库不会降低，因此可保守地忽略不计。
枯落物	考虑或不考虑	与基线情景相比该碳库会增加，但也可保守地选择不考虑该碳库。如果选择该碳库，则项目活动不允许移除地表枯落物。
土壤有机碳	考虑或不考虑	与基线情景相比该碳库会增加，但也可保守地选择不考虑该碳库。如果选择该碳库，则项目活动不允许移除地表枯落物。
竹产品	考虑或不考虑	与基线情景相比该碳库会增加，但也可保守地选择不考虑该碳库。

表 2　项目边界内的温室气体排放源的选择

排放源	气体	考虑或不考虑	理由或解释
木本植物（包括竹类）生物质燃烧	CO_2	不考虑	该 CO_2 排放已在碳储量变化中考虑
	CH_4	考虑	林地清理、整地或竹林经营过程中由于木本植被（包括竹子）生物质燃烧可引起显著的 CH_4 排放
	N_2O	考虑	林地清理、整地或竹林经营过程中由于木本植被（包括竹子）生物质燃烧可引起显著的 N_2O 排放

（续）

排放源	气体	考虑或不考虑	理由或解释
化石燃料燃烧	$CO_2/CH_4/N_2O$	不考虑	潜在排放量很小，可忽略不计
施肥	N_2O	不考虑	潜在排放量很小，可忽略不计

5.4 计入期选择

项目参与方须清晰地说明项目的开始日期、计入期和项目期，并解释选择该日期的理由。项目开始日期是指为种植竹子而开始的林地清理和整地的日期。项目开始日期不应早于 2005 年 2 月 16 日。如果项目开始日期早于向国家气候变化主管部门提交备案的日期，项目参与方须提供透明和可核实的证据，证明温室气体减排是项目活动最初的主要目的。这些证据须是发生在项目开始日之前的、官方的或有法律效力的文件。

项目期是指实施项目活动的时间区间。计入期是指项目活动相对于基线情景产生额外温室气体减排量的时间区间，计入期的起止日期应与项目期相同。计入期按国家气候变化主管部门规定的方式确定，在颁布相关规定以前，计入期最短为 20 年，最长不超过 30 年。

5.5 基线情景识别和额外性论证

项目参与方须使用最新版"CDM 造林再造林项目活动基线情景识别和额外性论证的组合工具"，来识别竹子造林项目活动的基线情景和论证项目活动的额外性。在使用该工具时，步骤 0（STEP 0）中的项目活动开始日期不早于 1999 年 12 月 31 日替换为 2005 年 2 月 16 日。项目参与方也可选用下述"三重测试"程序来识别竹子造林项目活动的的基线情景并论证其额外性[①]：

5.5.1 符合法律法规的要求

项目参与方须证明发生在项目边界内的所有项目活动不会违反任何现有的法律、法规、规章以及其他强制性规定和技术标准。既包括国家级的法律法规和规章以及技术标准，也包括适用的省级和地方的规章以及技术标准。尚未通过的法律或规章则无须考虑。

5.5.2 普遍性做法分析

项目参与方须证明拟议的项目活动不是普遍性做法。如果没有与拟议的

---

① 基于"熊猫标准农林业及其他土地利用行业细则"中的"三重测试"程序修改而来。

项目活动相类似的造林项目活动，该拟议的项目活动就被认为不是普遍性做法，其基线情景则为历史的或现有的土地利用情景。类似的造林项目活动指在项目所在区域、类似的社会经济和生态条件下、普遍实施的与拟议的项目活动相类似的造林活动，包括那些由具有可比性的实体或机构(如大公司、小公司、国家政府项目、地方政府项目等)实施的造林项目活动和那些具有可比性的地理范围、地理位置、环境条件、社会经济条件、制度框架以及投资环境下的造林项目活动，也包括2005年2月16日以前制定的土地利用规划方案。如果项目参与方无法证明拟议的项目活动不是普遍性做法，或者存在与拟议的项目活动相类似的造林项目活动(即拟议的项目活动属于普遍做法)，项目参与方须通过下文5.5.3节的实施障碍分析，来确定拟议项目的基线情景并证明拟议的项目的额外性。

项目活动一旦被认定不是普遍性做法，即被认定为在其计入期内具有额外性，并可略去进行下文5.5.3节的实施障碍分析。

5.5.3　实施障碍分析

如果拟议的项目活动属于普遍性做法，项目参与方仍可通过实施障碍分析来确定项目活动的基线情景并证明项目活动的额外性，例如由于项目参与方面临相关的障碍，阻碍其在项目区实施通常做法或原有的土地利用规划方案，使得基线情景为维持原有的土地利用方式。实施障碍是指任何可能阻止项目活动开展的因素。项目参与方至少需要对下列三种障碍之一进行评估：财务障碍、技术障碍或机构障碍。项目参与方可以证明存在多种障碍，但只要证明一种障碍存在即可。

(1)财务障碍可以包括高成本、有限的资金，或者在没有项目活动温室气体减排量收益时，内部收益率低于项目参与方预期能接受的最低收益率。如果采用财务障碍测试，项目参与方须提供可靠的定量分析的证据，如净现金流和内部收益率测算，以及相关批准文件等书面材料。

(2)技术障碍包括缺少必需的材料(如种植材料)，缺乏有技能的和接受过良好培训的劳动力，缺少法律、传统、市场条件和实践措施等相关知识，缺少实践经验等。

(3)机构障碍包括对技术实施的制度性排斥，技术实施能力不足，管理层缺乏共识等。

5.6　碳层划分

如果项目区自然和社会经济条件以及项目活动差异较大，须对项目区进行分层，以提高在一定可靠性下的监测和估计的精度，并降低监测成本。碳层划分包括基线碳层划分和项目碳层划分。基线碳层划分的目的是为了分别基线碳层确定基线情景和估计基线碳汇量。项目参与方可根据项目边界内地块上的主要植被状况（如散生木（竹）盖度和年龄、灌木植被（包括小竹丛）的种类和盖度）和土地利用类型（农地、宜林荒山等）来划分基线碳层。

项目碳层划分包括事前项目碳层划分和事后项目碳层划分。事前项目碳层用于项目碳汇量的事前估计，主要根据竹子造林和竹林经营管理计划来划分。事后项目碳层用于项目碳汇量的事后估计，主要根据竹子造林和竹林经营管理实际发生的情况来划分。但是，无论是事前分层还是事后分层，多个竹种可合并为一个碳层，不同时间营造的竹林也可合并为一层，关键是看其是否具有近似的碳储量、相同的计量参数（如生物量生长速率、地下生物量与地上生物量之比、含碳率等）和生物量方程等，其目的是降低层内变异性，增加层间变异性，从而降低在一定精度要求下所需监测的样地数量。如果发生自然或人为干扰（如火灾、毁林）导致项目的异质性增加，在每次监测和核查时的事后分层调整时均须考虑这些因素的影响。

项目参与方可使用项目开始时和发生干扰时的卫星影像来进行碳层划分。

5.7 基线碳汇量

根据本方法学的适用条件，基线碳汇量可假定为零，即 $\Delta C_{BSL,t} = 0$：

t　　　　　1，2，3，… t^*竹子造林项目活动开始后的年数（年）

5.8 项目碳汇量

项目碳汇量是指在拟议的竹子造林项目活动的情景下，项目边界内所选碳库中碳储量变化量，减去由竹子造林项目活动引起的温室气体排放的增加量，采用下式计算：

$$\Delta C_{ACTUAL,t} = \Delta C_{P,t} - GHG_{E,t} \qquad\qquad 公式（1）$$

式中：

　$\Delta C_{ACTUAL,t}$　　　　　第 t 年项目碳汇量，$tCO_2e \cdot a^{-1}$

$\Delta C_{P,t}$ 第 t 年项目边界内所选碳库中碳储量变化量，$tCO_2e \cdot a^{-1}$

$GHG_{E,t}$ 第 t 年项目活动引起的温室气体排放的增加量，$tCO_2e \cdot a^{-1}$

t 1, 2, 3, ⋯ t^* 竹子造林项目活动开始后的年数（年）

采用下述公式计算项目边界内所选碳库中碳储量变化量：

$$\Delta C_{P,t} = \Delta C_{BAMBOO\_PROJ,t} + \Delta C_{SHRUB\_PROJ,t} + \Delta C_{LI\_PROJ,t} + \Delta C_{SOC\_AL,t} + \Delta C_{HWP\_PROJ,t}$$

公式（2）

式中：

$\Delta C_{P,t}$ 第 t 年项目边界内所选碳库中碳储量变化量，$tCO_2e \cdot a^{-1}$

$\Delta C_{BAMBOO\_PROJ,t}$ 项目情景下，第 t 年项目边界内营造的竹林生物质碳储量变化量，$tCO_2e \cdot a^{-1}$

$\Delta C_{SHRUB\_PROJ,t}$ 项目情景下，第 t 年项目边界内灌木生物质碳储量变化量 $tCO_2e \cdot a^{-1}$；针对本方法学，灌木包括小竹丛

$\Delta C_{LI\_PROJ,t}$ 项目情景下，第 t 年项目边界内枯落物碳储量变化量，$tCO_2e \cdot a^{-1}$；对于集约经营的竹林，枯落物碳储量变化量为零

$\Delta C_{SOC\_AL,t}$ 项目情景下，第 t 年项目边界内土壤有机碳储量变化量，$tCO_2e \cdot a^{-1}$；对于集约经营的竹林，土壤有机碳储量变化量为零

$\Delta C_{HWP\_PROJ,t}$ 项目情景下，第 t 年收获的竹材生产的竹产品中碳储量变化量，$tCO_2e \cdot a^{-1}$

t 1, 2, 3, ⋯ t^* 竹子造林项目活动开始后的年数（年）

5.8.1　竹林生物质碳储量变化量($\Delta C_{BAMBOO\_PROJ,t}$)的事前估算

$$\Delta C_{BAMBOO\_PROJ,t} = \Delta C_{BAMBOO\_PROJ,AB,t} + \Delta C_{BAMBOO\_PROJ,BB,t} \qquad 公式（3）$$

式中：

$\Delta C_{BAMBOO\_PROJ,AB,t}$　　　第 t 年项目边界内营造的竹林地上生物质碳储量变化量，$tCO_2e \cdot a^{-1}$

$\Delta C_{BAMBOO\_PROJ,BB,t}$　　　第 t 年项目边界内营造的竹林地下生物质碳储量变化量，$tCO_2e \cdot a^{-1}$

5.8.1.1　地上生物质碳储量变化量

竹林生长发育分为竹林发育成林阶段(大径散生竹林1~9年，小径散生竹林1~5年，丛生竹1~5年，混生竹1~6年)和竹林成林稳定阶段(大径散生竹林从第10年开始，小径散生竹林从第6年开始，丛生竹第6年开始；混生竹从第7年开始)。达到竹林成林稳定阶段后，由于择伐或自然枯损以及新竹的生长，竹林地上生物量达到动态平衡状态。对于事前估计，根据可获得的数据情况，可从下列方法中选择其中一种方法估算发育成林阶段的地上生物质碳储量的变化。

方法Ⅰ：

如果有拟营造的竹林单位面积生物量随竹林年龄变化的相关方程，则可直接用该方程估算造林后各年度的生物质碳储量和碳储量变化量，直到进入竹林成林稳定阶段为止。此后，假定竹林地上生物质碳储量变化量为零。

方法Ⅱ：

根据拟营造的竹林的平均胸径、平均高度与竹林年龄的相关方程，再结合单株生物量方程计算平均单株地上生物量，即：

$$DBH_j = f_{DBH,j}(t_a) \qquad 公式（4）$$

$$H_j = f_{H,j}(t_a, DBH) \qquad 公式（5）$$

$$B_{BAMBOO,AB,j} = f_{AB}(DBH_j, H_j) \qquad 公式（6）$$

式中：

DBH_j　　　　　　　发育到 t_a 时，竹林平均胸径，cm

H_j　　　　　　　　发育到 t_a 时，竹林平均高，m

$f_{AB}(DBH_j, H_j)$	竹种(组)j 的地上生物量方程(生物量与直径如胸径、眉径、地径和竹高的相关方程)
$B_{BAMBOO,AB,j}$	竹种(组)j 的平均单株地上生物量,$Kg \cdot$ 株$^{-1}$
t_a	竹林年龄(年)
j	竹种或竹种组

然后结合立竹度与竹林年龄的相关方程,计算单位面积竹林地上生物质碳储量:

$$C_{BAMBOO_{AB,j,t}} = B_{BAMBOO,AB,j,t} \cdot N_{j,t} \cdot M_j \cdot CF_{j,B} \cdot \frac{44}{12} \cdot 10^{-3} \qquad 公式(7)$$

$$N_{j,t} = f_{N,j}(t_a) \qquad 公式(8)$$

式中:

$C_{BAMBOO_{AB,j,t}}$	单位面积竹林地上生物质碳储量,$tCO_2e \cdot hm^{-2}$
$B_{BAMBOO,AB,j,t}$	平均单株地上生物量($Kg \cdot$ 株$^{-1}$)
$N_{j,t}$	对散生或混生竹种,为每公顷立竹度,株 $\cdot hm^{-2}$;对丛生竹种,为平均每丛的株数,株 $\cdot$ 丛$^{-1}$
$CF_{i,B}$	竹子含碳率,$tC \cdot t^{-1}$
M_j	对散生竹取值为 1;对丛生竹,为每公顷丛数,丛 $\cdot hm^{-2}$
t	项目开始后的年数(年)
j	竹种或竹种组
t_a	竹林年龄(年);$t_a = t - a$,其中 a 为造林发生的年份

则营造的竹林地上生物质碳储量变化量为:

$$\Delta C_{BAMBOO\_PROJ,AB,t} =$$

$$\sum_i \sum_j \begin{cases} A_{BAMBOO,i,j,t}(C_{BAMBOO,AB,i,j,t} - C_{BAMBOO,AB,i,j,t-1}) & 当 \ t_a \leqslant T_{equilibrium,j} \\ 0 & 当 \ t_a > T_{equtlibrium,j} \end{cases}$$

$$公式(9)$$

式中：

$\Delta C_{BAMBOO\_PROJ,AB,t}$　　第 t 年项目边界内营造的竹林地上生物质碳储量变化量，$tCO_2e \cdot a^{-1}$

$A_{BAMBOO,i,j,t}$　　第 t 年第 i 碳层 j 竹种（组）的面积，hm^2

$C_{BAMBOO,AB,i,j,t}$　　第 t 年第 i 碳层 j 竹种（组）单位面积竹林地上生物质碳储量，$tCO_2e \cdot hm^{-2}$

$C_{BAMBOO,AB,i,j,t-1}$　　第 $(t-1)$ 年时，第 i 碳层 j 竹种（组）单位面积竹林地上生物质碳储量，$tCO_2e \cdot hm^{-2}$

$T_{equilibrium,j}$　　第 j 竹种（组）竹林到达成林稳定阶段所需的时间（年）

t_a　　林龄（年）；$t_a = t - a$，其中 a 为造林发生的年份

t　　项目开始后的年数（年）

方法Ⅲ：

如果没有上述方法 Ⅰ 和方法 Ⅱ 所需数据，可采用在达到成林稳定前，按平均生长速率计算，即：

$$\Delta C_{BAMBOO\_PROJ,AB,t} = \sum_i \sum_j \begin{cases} A_{BAMBOO,i,j,t} \cdot \dfrac{C_{BAMBOO_{AB,equlibrium,j}}}{T_{equtlibrium,j}} & \text{当 } t_a \leqslant T_{equtlibrium,j} \\ 0 & \text{当 } t_a > T_{equtlibrium,j} \end{cases}$$

公式（10）

式中：

$\Delta C_{BAMBOO\_PROJ,AB,t}$　　第 t 年项目情景下竹类地上生物质碳储量变化量，$tCO_2e \cdot a^{-1}$

$A_{BAMBOO,i,j,t}$　　第 t 年第 i 碳层 j 竹种（组）的面积，hm^2

$C_{BAMBOO_{AB,equilibrium,j}}$　　j 竹种到达成林稳定阶段时的单位面积地上生物质碳储量，$tCO_2e \cdot hm^{-2}$

t_a　　林龄（年）；$t_a = t - a$，其中 a 为造林发生的年份

$T_{equilibrium,j}$　　j 竹种到达成林稳定阶段所需的时间（年）

| t | $1, 2, 3, \cdots t^*$ 竹子造林项目活动开始后的年数(年) |

5.8.1.2 地下生物质碳储量变化量

竹林地下生物量通常随着竹林年龄的增加而增加。竹子择伐经营时,通常只移除地上部分(竹秆、竹枝、竹叶),而地下部分(竹蔸、竹根和竹鞭)仍留存于林地中,因此即使竹林到达成林稳定年限后,其地下生物质碳储量通常还会继续增加。竹林地下生物质碳储量的变化可通过竹林地下生物量与地上生物量之比和地上生物质碳储量变化计算,即:

$$\Delta C_{BAMBOO\_PROJ,BB,t} =$$
$$\sum_i \sum_j (C_{BAMBOO\_PROJ,AB,i,j,t} \cdot R_{j,t_a} - C_{BAMBOO\_PROJ,AB,i,j,t-1} \cdot R_{j,t_a-1}) \cdot A_{BAMBOO,i,j,t}$$

公式(11)

式中:

$\Delta C_{BAMBOO\_PROJ,BB,t}$	第 t 年项目边界内营造的竹林地下生物质碳储量变化量,$tCO_2e \cdot a^{-1}$
$A_{BAMBOO,i,j,t}$	第 t 年第 i 碳层 j 竹种(组)的面积,hm^2
$C_{BAMBOO,AB,i,j,t}$	第 t 年第 i 碳层 j 竹种(组)单位面积竹林地上生物质碳储量,$tCO_2e \cdot hm^{-2}$
$C_{BAMBOO,AB,i,j,t-1}$	第 (t-1) 年时,第 i 碳层 j 竹种(组)单位面积竹林地上生物质碳储量,$tCO_2e \cdot hm^{-2}$)
R_{j,t_a}	j 竹种(组)在竹林年龄为 t_a 时的地下生物量与地上生物量之比
R_{j,t_a-1}	j 竹种(组)在竹林年龄为 (t_a-1) 时的地下生物量与地上生物量之比
t_a	林龄(年);$t_a = t - a$,其中 a 为造林发生的年份
t	项目开始后的年数(年)

如果项目参与方没有竹子地下生物量与地上生物量之比随竹林年龄变化的相关关系,则可假定地下生物量与地上生物量之比为常数。在这种情况

下，当竹林到达成林稳定阶段后，地上和地下生物质碳储量的变化均为零。

5.8.2　灌木生物质碳储量变化量（$\Delta C_{SHRUB\_PROJ,t}$）[①]

对于事前计量，可假定灌木生物质碳储量变化为零。对事后监测和计量。根据灌木盖度对项目边界内的灌木生物量进行分层，并估算每层灌木生物量的碳储量。假定一段时间内（第 t_1 至 t_2 年）灌木生物量的变化是线性的，基线灌木生物质碳储量的年变化量（$\Delta C_{SHRUB\_PROJ,t}$）计算如下：

$$\Delta C_{SHRUB\_PROJ,t} = \sum_i \left(\frac{C_{SHRUB\_PROJ,i,t_2} - C_{SHRUB\_PROJ,i,t_1}}{t_2 - t_1} \right) \qquad \text{公式（12）}$$

式中：

$\Delta C_{SHRUB\_PROJ,t}$　　第 t 年项目情景下灌木生物质碳储量变化量，$tCO_2e \cdot a^{-1}$

$C_{SHRUB\_PROJ,i,t}$　　第 t 年 i 灌木碳层灌木生物质碳储量，tCO_2e

i　　　　　　　1，2，3，……灌木碳层

t　　　　　　　1，2，3，……自项目开始以来的年数

t_1，t_2　　　　项目开始以后的第 t_1 年和第 t_2 年，且 $t_1 \leqslant t \leqslant t_2$

采用下式计算第 t 年 i 灌木碳层内灌木生物质碳储量：

$$C_{SHRUB\_PROJ,i,t} = B_{SHRUB\_PROJ,i,t} \cdot (1 + R_s) \cdot A_{SHRUB\_PROJ,i,t} \cdot CF_s \cdot \frac{44}{12} \qquad \text{公式（13）}$$

式中：

$B_{SHRUB\_PROJ,i,t}$　　第 t 年 i 灌木碳层灌木的平均每公顷地上生物量，$t \cdot hm^{-2}$

R_s　　　　　　灌木的地下生物量与地上生物量之比（无量纲）

$A_{SHRUB\_PROJ,i,t}$　　第 t 年 i 灌木碳层的面积，hm^2

CF_s　　　　　灌木生物量中的含碳率，$tC \cdot t^{-1}$，缺省值为 0.47

[①]　参考"CDM 造林再造林项目活动林木和灌木碳储量及其变化的估算工具"

i	1，2，3，……灌木碳层
t	1，2，3，……自项目开始以来的年数
44/12	将 C 转换为 CO_2 的分子量比值

灌木平均每公顷生物量的估算方法如下：
- 灌木盖度 <5% 时，灌木平均每公顷生物量视为 0；
- 灌木盖度 ≥5% 时，按下列方式进行估算：

$$B_{SHRUB\_PROJ,i,t} = BDR_{SF} \cdot B_{FOREST} \cdot CC_{SHRUB\_PROJ,i,t} \qquad 公式（14）$$

式中：

BDR_{SF}	灌木盖度为 1.0 时的每公顷灌木生物量与拟议项目所在地区完全郁闭森林每公顷地上生物量之比（无量纲）
B_{FOREST}	拟议项目所在地区完全郁闭人工林平均每公顷地上生物量，$t \cdot hm^{-2}$
$CC_{SHRUB\_PROJ,i,t}$	第 t 年 i 灌木碳层的灌木盖度，以小数表示（如盖度为 10%，则 $CC_{SHRUB\_PROJ,i,t} = 0.10$）（无量纲）
i	1，2，3，……灌木碳层
t	1，2，3，……自项目开始以来的年数

5.8.3 枯落物碳储量的变化量（$\Delta C_{LI\_PROJ,t}$）[①]

假定一段时间内枯落物碳储量的年变化量为线性，则一段时间内枯落物碳储量的平均年变化量采用下式计算：

$$\Delta C_{LI\_PROJ,t} = \sum_i \left(\frac{C_{LI\_PROJ,i,t_2} - C_{LI\_PROJ,i,t_1}}{t_2 - t_1} \right) \qquad 公式（15）$$

$$C_{LI,PROJ,i,t} = C_{BAMBOO\_PROJ,i,t} \cdot DF_{LI} \qquad 公式（16）$$

式中：

$\Delta C_{LI\_PROJ,t}$	第 t 年项目情景下枯落物碳储量变化量，$tCO_2e \cdot a^{-1}$

---

① 参考"CDM 造林再造林项目活动枯死木和枯落物碳储量及其变化的估算工具（V02.0.0，EB67）"

$C_{LI\_PROJ,i,t}$	第 t 年 i 项目碳层的枯落物碳储量，tCO_2e
$C_{BAMBOO\_PROJ,i,t}$	第 t 年第 i 项目碳层的竹林生物质碳储量，tCO_2e
DF_{LI}	项目所在地区竹林枯落物碳储量与其活生物质碳储量的比值（无量纲）
t_1，t_2	项目开始以后的第 t_1 年和第 t_2 年，且 $t_1 \leqslant t \leqslant t_2$
i	1，2，3，…，项目的项目碳层

对于集约经营的竹林，枯落物碳储量的变化为零，即 $\Delta C_{LI\_PROJ,t} = 0$。

5.8.4 土壤有机碳储量的变化量（$\Delta C_{SOC\_AL,t}$）

在估算土壤有机碳储量变化时，本方法学基于以下假设：

（1）项目整地和造林活动在同一年进行；

（2）项目活动的实施将使项目地块的土壤有机碳含量从项目开始前的初始水平提高到相当于天然森林植被下土壤有机碳含量的稳态水平，大约需要 20 年时间；

（3）从造林活动开始后的 20 年间，项目情景下土壤有机碳储量的增加线性的。

首先确定项目开始前各项目碳层土壤有机碳含量初始值（$SOC_{INITIAL,i}$）。项目业主或其他项目参与方可以通过国家规定的标准操作程序直接测定项目开始前各碳层的 $SOC_{INITIAL,i}$；也可以采用下列方法估算项目开始前各碳层的

$$SOC_{INITIAL,i} = SOC_{REF,i} * f_{LU,i} * f_{MG,i} * f_{IN,i} \qquad \text{公式（17）}$$

式中：

$SOC_{INITIAL,i}$	项目开始时，第 i 项目碳层的土壤有机碳储量，$tC \cdot hm^{-2}$
$SOC_{REF,i}$	与第 i 项目碳层具有相似气候、土壤条件的当地自然植被（如当地未退化的、未利用土地上的自然植被）下土壤有机碳储量的参考值，$tC \cdot hm^{-2}$
$f_{LU,i}$	第 i 项目碳层与基线土地利用方式相关的碳储量变化因子（无量纲）

$f_{MG,i}$ 第 i 项目碳层与基线管理模式相关的碳储量变化因子（无量纲）

$f_{IN,i}$ 第 i 项目碳层与基线有机碳输入类型（如农作物秸秆还田、施用肥料）相关的碳储量变化因子（无量纲）

i 1，2，3，…，项目的林木分层

$SOC_{REF,i}$、$f_{LU,i}$、$f_{MG,i}$ 和 $f_{IN,i}$ 的取值，可参考本方法学中的参数表。如果选取其它不同的数值，须提供透明和可核实的信息来证明。

确定第 i 项目碳层的造林时间（即由于整地发生土壤扰动的时间，$t_{PREP,i}$）。对于项目开始以后的第 t 年，如果：

• $t \leqslant t_{PREP,i}$，则第 t 年时第 i 项目碳层的土壤有机碳储量的年变化量（$dSOC_{t,i}$）为 0；

• $t_{PREP,i} < t \leqslant t_{PREP,i} + 20$，则：

$$dSOC_{t,i} = \frac{SOC_{REF,i} - SOC_{INITIAL,i}}{20} \tag{18}$$

式中：

$dSOC_{t,i}$ 第 t 年 i 项目碳层的土壤有机碳储量变化量，$tC \cdot hm^{-2} \cdot a^{-1}$

$SOC_{REF,i}$ 与项目第 i 项目碳层具有相似气候、土壤条件的当地自然植被（如当地未退化的、未利用土地上的自然植被）下土壤有机碳储量的参考值，$tC \cdot hm^{-2}$

$SOC_{INITIAL,i}$ 项目开始时，第 i 层的土壤有机碳库碳储量，$tC \cdot hm^{-2}$

i 1，2，3，…，项目碳层

20   假定项目地块的土壤有机碳含量从初始水平提高到相当于当地自然植被下土壤有机碳含量的稳态水平需要 20 年时间

由于本方法学采用了基于碳储量变化因子的估算方法。考虑到其精度的

不确定性和内在局限性，实际计算过程中土壤有机碳储量的年变化量不超过 $0.8\ \mathrm{tC \cdot hm^{-2} \cdot a^{-1}}$，即：

如果 $dSOC_{t,i} > 0.8\ \mathrm{t\ C \cdot hm^{-2} \cdot a^{-1}}$，则

$$dSOC_{t,i} = 0.8\ \mathrm{t\ C \cdot hm^{-2} \cdot a^{-1}} \qquad\qquad 公式(19)$$

第 t 年时，项目所有碳层的土壤有机碳储量变化采用下式计算：

$$\Delta SOC_{AL,t} = \frac{44}{12} * \sum_{i=1} (A_{t,i} * dSOC_{t,i} * 1) \qquad\qquad 公式(20)$$

式中：

$\Delta SOC_{AL,t}$	第 t 年时项目情景下土壤有机碳储量变化量，$\mathrm{tCO_2e \cdot a^{-1}}$
$dSOC_{t,i}$	第 t 年 i 项目碳层的土壤有机碳储量年变化率，$\mathrm{tC \cdot hm^{-2} \cdot a^{-1}}$
$A_{t,i}$	第 t 年 i 项目碳层的土地面积，$\mathrm{hm^2}$
i	1，2，3，…，项目碳层
t	1，2，3，…，项目开始以后的时间
1	1 年

对于集约经营的竹林，土壤有机碳储量变化量为零，即 $\Delta SOC_{AL,t} = 0$。

5.8.5　收获竹产品的碳储量变化（$\Delta C_{HWP\_PROJ,t}$）

如果竹子造林项目活动有择伐情况发生，择伐的部分竹材中的碳将以竹产品的形式储存一定时间，而不是立即排放到大气中。对于散生竹类人工林，择伐通常从造林后第 8~9 年开始，对于丛生竹类人工林，择伐通常从造林后第 4~5 年开始。我国竹材除传统上用于农业生产和生活工具外，目前主要用于生产竹材人造板，包括竹编胶合板、竹材胶合板、竹材层压板、竹席竹帘胶合板、竹材纤维板和竹材刨花板等，产品广泛应用于我国的汽车、火车、建筑、集装箱等工业部门。竹木复合人造板和造纸也是当前利用的一种趋势。竹林到达成林稳定阶段后，收获竹材生产的竹产品（HWP）中的碳将是主要的碳汇来源。本方法学假定 HWP 碳储量的长期变化，等于在产品生产后 30 年仍在使用和进入垃圾填埋场的 HWP 中的碳量，而其他部分

则假定在生产竹产品时立即排放，采用下述公式计算①：

$$\Delta C_{HWP\_PROJ,t} = \sum_{ty} C_{BAMBOO,Stem,ty,t} \cdot BU_{ty} \cdot OF_{ty} \qquad 公式(21)$$

$$OF_{ty} = e^{(-30 \cdot \ln(2)/LT_{ty})} \qquad 公式(22)$$

式中：

$\Delta C_{HWP\_PROJ,t}$	第 t 年项目产生的竹产品碳储量变化量，$tCO_2e \cdot a^{-1}$
$C_{BAMBOO,Stem,ty,t}$	第 t 年项目采伐的、用于生产 ty 类竹产品的竹秆生物质碳储量，tCO_2e。如果采伐的竹子是以竹秆鲜重计，则应将鲜重通过含水率换算成干重，然后转化为 CO_2 的量；如果采伐利用整株竹子（包括枝和叶），则为地上生物量中的碳储量
BU_{ty}	竹子采伐用于 ty 类竹产品的利用率（%），即竹产品生物量占采伐收获量的百分比
OF_{ty}	根据 IPCC 一阶指数衰减函数确定的、ty 类竹产品在生产后 30 年仍在使用或进入垃圾填埋的比例（无量纲）
ty	竹产品种类
LT_{ty}	ty 类竹产品的使用寿命，年
t	1，2，3，…t * 竹子造林项目活动开始后的年数，年

5.8.6 项目边界内温室气体排放的估计

对于项目事前估计，由于无法预测项目边界内的火灾发生情况，因此可以不考虑森林火灾造成的项目边界内温室气体排放，即 $GHG_{E,t} = 0$。对于项目事后估计，由于竹子造林项目活动引起的项目边界内的温室气体排放的增加量为②：

$$GHG_{E,t} = GHG_{E,BAMBOO,t} + GHG_{E,LI,t} \qquad 公式(23)$$

式中：

---

① 根据 2006 IPCC 国家温室气体清单指南中的一阶衰减函数修改而来。
② 参考"CDM 造林再造林项目活动导致的生物质燃烧引起的非 CO_2 温室气体排放的估算工具"

GHG_E	第 t 年由于竹子造林项目活动的实施引起的项目边界内温室气体排放的增加量，$tCO_2e \cdot a^{-1}$
$GHG_{E,BAMBOO,t}$	第 t 年项目边界内火灾导致的竹子地上生物质燃烧引起的非 CO_2 温室气体排放的增加量，$tCO_2e \cdot a^{-1}$
$GHG_{E,LI,t}$	第 t 年项目边界内火灾导致的竹林枯落物燃烧引起的非 CO_2 温室气体排放的增加量，$tCO_2e \cdot a^{-1}$
t	1，2，3，… t^* 竹子造林项目活动开始后的年数，年

　　火灾引起竹林地上生物质燃烧造成的非 CO_2 温室气体排放，使用最近一次项目核查时各碳层竹林地上生物量数据和燃烧因子进行计算。第一次核查时，无论自然或人为原因引起竹林火灾，其非 CO_2 温室气体排放量都假定为 0。

$$GHG_{E\_BAMBOO,t} =$$
$$0.001 \times \sum_i A_{burn,i,t} \times b_{BAMBOO,i,t_{last}} \times COMF \times (EF_{CH_4} \times 25 + EF_{N_2O} \times 298)$$

公式（24）

式中：

$GHG_{E,BAMBOO,t}$	第 t 年项目边界内火灾导致的竹子地上生物质燃烧引起的非 CO_2 温室气体排放的增加量，$tCO_2e \cdot a^{-1}$
$A_{burn,i,t}$	第 t 年 i 项目碳层发生火烧的面积，hm^2
$b_{BAMBOO,i,t_{last}}$	火灾发生前，项目最近一次核查时第 i 项目碳层的竹子地上生物量($t \cdot hm^{-2}$)，详见 6.3 节。如果只是发生地表火，即竹子地上生物量未被燃烧，则 $b_{BAMBOO,i,t_{last}}$ 设定为 0
$COMF$	竹林燃烧系数(无量纲)
EF_{CH_4}	CH_4 排放因子，$g\,CH_4 \cdot kg^{-1}$
EF_{N_2O}	N_2O 排放因子，$g\,N_2O \cdot kg^{-1}$

25	CH_4 的全球增温潜势，用于将 CH_4 转换成 CO_2 当量
298	N_2O 的全球增温潜势，用于将 N_2O 转换成 CO_2 当量
i	1，2，3……第 i 项目碳层
t	1，2，3……项目开始以后的年数，年(a)
0.001	将 kg 转换成 t 的常数

森林火灾引起枯落物燃烧造成的非 CO_2 温室气体排放，应使用最近一次核查的枯落碳储量来计算。第一次核查时由于火灾导致枯落物燃烧引起的非 CO_2 温室气体排放量设定为 0，之后核查时的非 CO_2 温室气体排放量采用下式计算：

$$GHG_{E\_LI,t} = 0.07 \times \frac{44}{12} \times \sum_i A_{burn,i,t} \times C_{LI,i,t_{last}} \qquad (25)$$

式中：

$GHG_{E,LI,t}$	第 t 年项目边界内火灾导致的竹林枯落物燃烧引起的非 CO_2 温室气体排放的增加量，$tCO_2e \cdot a^{-1}$
$A_{burn,i,t}$	第 t 年 i 项目碳层发生火烧的面积，hm^2
$C_{LI,i,t_{last}}$	火灾发生前，项目最近一次核查时第 i 项目碳层的枯落物单位面积碳储量，$tCO_2e \cdot hm^{-2}$，使用第 5.8.3 节的方法计算
i	1，2，3……第 i 项目碳层
t	1，2，3……项目开始以后的年数，年(a)
0.07	常数，非 CO_2 排放量占 CO_2 排放量的比例

5.9 泄漏

根据本方法学的适用条件，项目实施可能引起的项目前农业活动的转移，以及项目活动中使用运输工具和燃油机械造成的排放，均可忽略不计。因此 $LK_t = 0$。

5.10　项目减排量

竹子造林项目活动引起的项目减排量等于项目碳汇量，减去基线碳汇量，再减去泄漏量，即：

$$\Delta C_{AR\_CHINA,t} = \Delta C_{ACTUAL,t} - \Delta C_{BSL,t} - LK_t \qquad\qquad 公式（26）$$

式中：

$\Delta C_{AR-CHINA,t}$	第 t 年项目减排量，$tCO_2e \cdot a^{-1}$
$\Delta C_{ACTUAL,t}$	第 t 年项目碳汇量，$tCO_2e \cdot a^{-1}$
$\Delta C_{BSL,t}$	第 t 年基线碳汇量，$tCO_2e \cdot a^{-1}$
LK_t	第 t 竹子造林项目活动引起的泄漏量，$tCO_2e \cdot a^{-1}$
t	1，2，3，… t^* 竹子造林项目活动开始后的年数，年

6　监测程序

除非下面的监测变量表中另有要求，所有数据，包括本方法学所用工具中要求的监测项，均须按相关标准进行全面监测和测定。监测过程中收集的所有数据都须以电子版和纸质方式存档，直到计入期结束后至少两年。

6.1　项目实施监测

6.1.1　基线碳汇量的监测

基线碳汇量在事前确定，计入期内不再对其进行监测。

6.1.2　项目边界的监测

采用全球定位系统（GPS）、北斗卫星导航系统（Compass）或其他卫星导航系统，进行单点定位或差分技术直接测定项目地块边界的拐点坐标。也可利用高分辨率的地理空间数据（如卫星影像、航片），在地理信息系统（GIS）辅助下直接读取项目地块的边界坐标。在监测报告中说明使用的坐标系，使用仪器设备的精度；

检查实际边界坐标是否与竹子造林项目设计文件中描述的边界一致；

如果实际边界位于项目设计文件描述的边界之外，则位于项目设计文件确定的边界外的部分将不计入项目边界中；

将测定的拐点坐标或项目边界输入地理信息系统，计算项目地块及各碳层的面积；

在计入期内须对项目边界进行定期监测，如果项目边界发生任何变化，例如发生毁林，应测定毁林的地理坐标和面积，并在下次核查中予以说明。毁林部分地块将移出项目边界之外，在以后不再进行监测。同样，如果某些地块由于某种原因造林失败，并代之以其他土地利用方式，这些地块也可移出项目边界外，且不再进行监测和核查。但是已移出项目边界的地块，在以后不能再纳入项目边界内。而且，如果移出项目边界的地块以前进行过核查，其前期经核查的碳储量应保持不变，纳入碳储量变化的计算中。

6.1.3 竹林营造林活动的监测

林地清理和整地的监测：时间、地点（边界）、面积、清理和整地的方式和规格；

造林和幼林管护活动监测：造林和管护的方式、时间、地点、面积、竹种等；

竹林经营管理监测：择伐、松土、除草、施肥等活动的时间和地点；

确保竹子造林和营林各项活动符合本方法学的适用条件。

项目参与方须在项目文件中描述，项目的营造林活动及其监测，符合中国竹子营造林相关的技术要求和森林资源清查的技术规范。项目参与方在其监测活动中须制定标准操作程序（SOP）及质量保证和质量控制程序（QA/QC），包括野外数据的采集、数据记录、管理和存档。最好是采用国家森林资源清查或 IPCC 指南中的标准操作程序。

6.2 抽样设计和碳层划分

6.2.1 碳层更新

由于下述原因，每次监测时须对事前或上一次监测划分的碳层进行更新：

实际的竹子造林活动（如造林时间和竹种配置）可能与项目设计发生偏离；

计入期内可能发生无法预计的干扰（如林火），从而增加碳层内的变异性；

竹林经营管理活动（如择伐、施肥、翻耕）活动影响了项目碳层内的均一性；

发生土地利用变化(项目地转化为其他土地利用方式)；

过去的监测发现层内碳储量和碳储量变化的变异性：可将变异性太大的碳层细分为两个或多个碳层，或者将碳储量和碳储量变化及其变异性相近的两个或多个碳层合并为一个碳层；

某些事前或前一次监测划分的碳层可能不复存在。

6.2.2 抽样设计

竹林生物质碳储量必须基于监测样地的测定。枯落物、土壤有机碳不需进行大量野外测定，可直接采用相关工具进行计算。项目参与方须基于固定样地的连续测定方法，采用碳储量变化法，测定和估计竹林生物质碳库中碳储量的变化。项目监测所需的样地数量，可以采用如下方法进行计算：

(1)根据公式(27)计算。如果得到 $n \geqslant 30$，则最终的样地数即为 n 值；如果 $n < 30$，则需要采用自由度为 $n-1$ 时的 t 值，运用公式(27)进行第二次迭代计算，得到的 n 值即为最终的样地数；

$$n = \frac{N * t_{VAL}^2 * \left(\sum_i w_i * s_i \right)^2}{N * E^2 + t_{VAL}^2 * \sum_i w_i * s_i^2} \qquad 公式(27)$$

式中：

n　项目边界内估算生物质碳储量所需的监测样地数量，无量纲

N　项目边界内监测样地的抽样总体，$N = A/A_p$，其中 A 是项目总面积，hm^2，A_p 是样地面积(一般为 $0.0667hm^2$)

t_{VAL}　可靠性指标。在一定的可靠性水平下，自由度为无穷(∞)时查 t 分布双侧 t 分位数表的 t 值，无量纲

w_i　项目边界内第 i 项目碳层的面积权重，$w_i = A_i/A$，其中 A 是项目总面积，hm^2，A_i 是第 i 碳层的面积，hm^2

s_i　项目边界内第 i 项目碳层生物质碳储量估计值的标准差，$tC \cdot hm^{-2}$

E	项目生物质碳储量估计值允许的误差范围（即绝对误差限），tC · hm^{-2}
i	1，2，3……项目碳层 i

（2）当抽样面积较大时（抽样面积大于项目面积的 5%），按公式（27）进行计算获得样地数 n 之后，按公式（28）对 n 值进行调整，从而确定最终的样地数（n_a）：

$$n_a = n * \frac{1}{1 + n/N} \qquad\qquad 公式（28）$$

式中：

n_a	调整后项目边界内估算生物质碳储量所需的监测样地数量，无量纲
n	项目边界内估算生物质碳储量所需的监测样地数量，无量纲
N	项目边界内监测样地的抽样总体，无量纲

（3）当抽样面积较小时（抽样面积小于项目面积的 5%），可以采用简化公式（29）计算：

$$n = \left(\frac{t_{VAL}}{E}\right)^2 * \left(\sum_i w_i * s_i\right)^2 \qquad\qquad 公式（29）$$

式中：

n	项目边界内估算生物质碳储量所需的监测样地数量，无量纲
t_{VAL}	可靠性指标。在一定的可靠性水平下，自由度为无穷（∞）时查 t 分布双侧 t 分位数表的 t 值，无量纲
w_i	项目边界内第 i 碳层的面积权重，无量纲
s_i	项目边界内第 i 碳层生物质碳储量估计值的标准差，tC · hm^{-2}
E	项目生物质碳储量估计值允许的误差范围（即绝对误差限），tC · hm^{-2}

i　　　　　　　$1，2，3……$项目碳层 i

（4）分配到各层的监测样地数量，采用最优分配法按公式（30）进行计算：

$$n_i = n * \frac{w_i * s_i}{\sum_i w_i * s_i}$$　　　　　公式（30）

式中：

n_i	项目边界内第 i 碳层估算生物质碳储量所需的监测样地数量，无量纲
n	项目边界内估算生物质碳储量所需的监测样地数量，无量纲
w_i	项目边界内第 i 碳层的面积权重，无量纲
s_i	项目边界内第 i 碳层生物质碳储量估计值的标准差，tC · hm^{-2}
i	$1，2，3……$项目碳层

在各项目碳层内，样地的空间分配采用随机起点、系统布点的布设方案。项目参与方须确定首次监测和核查的时间以及间隔期。监测和核查的间隔期为 3 年 ~ 10 年。

6.3　竹林碳储量变化测定

竹林生物质碳储量的测定和计算步骤如下[①]：

第一步：测定样地内所有竹秆的胸径（DBH）和高度（H）。该胸径也可以用眉径或基径替代，取决于采用的生物量方程中变量的含义。项目边界内原有的散生木不包括在测定的范围内。

第二步：利用单株地上生物量方程（$f_{AB}(DBH_j,H_j)$）计算每株竹子的地上生物量。然后可通过地下生物量与地上生物量之比计算全株竹子的生物量（地上生物量乘以（$1 + R_{j,t_a}$））。如果没有地上生物量方程，可用全株生物量

_____

① 参考"CDM 造林再造林项目活动林木和灌木碳储量及其变化的估算工具"。

方程直接计算全株竹子的生物量。将单株竹子生物量累积到样地的生物量和碳储量。所选用的生物量方程须根据"证明估算 CDM 造林再造林项目活动林木地上生物量方程的适用性的程序"证明其适用性。

第三步：计算碳层单位面积平均碳储量

$$C_{BAMBOO,i,t} = \frac{\sum_{p=1}^{n_i} C_{BAMBOO,p,i,t}}{n_i \times A_p} \qquad\qquad 公式(31)$$

$$s_{i,t}^2 = \frac{\sum_{p=1}^{n_i} (C_{BAMBOO,p,i,t} - C_{BAMBOO,i,t})^2}{n_i \times (n_i - 1)} \qquad\qquad 公式(32)$$

式中：

$C_{BAMBOO,i,t}$	第 t 年时，i 项目碳层单位面积竹林生物质碳储量，$tCO_2e \cdot hm^{-2}$
$C_{BAMBOO,p,i,t}$	第 t 年时，i 项目碳层 p 样地单位面积竹林生物质碳储量，$tCO_2e \cdot hm^{-2}$
n_i	i 项目碳层的样地数量
$s_{i,t}^2$	第 t 年时，i 项目碳层样本方差，$(tCO_2e \cdot hm^{-2})^2$
A_p	样地面积，hm^2

第四步：计算项目边界内单位面积竹林生物质碳储量及其方差：

$$C_{BAMBOO,t} = \sum_{i=1}^{M} w_i \times C_{BAMBOO,i,t} \qquad\qquad 公式(33)$$

$$s_{C_{BAMBOO,t}}^2 = \sum_{i=1}^{M} w_i^2 \times s_{i,t}^2 \qquad\qquad 公式(34)$$

式中：

$C_{BAMBOO,t}$	第 t 年时，项目边界内单位面积竹林生物质碳储量，$tCO_2e \cdot hm^{-2}$
w_i	碳层 i 在项目总面积中的面积权重，无量纲
$C_{BAMBOO,i,t}$	第 t 年时，i 项目碳层单位面积竹林生物质碳储量，$tCO_2e \cdot hm^{-2}$

$s^2_{C_{BAMBOO,t}}$	第 t 年时，项目单位面积竹林生物质碳储量的方差，$(tCO_2e \cdot hm^{-2})^2$
$s^2_{i,t}$	第 t 年时，i 项目碳层单位面积竹林生物质碳储量的方差，$(tCO_2e \cdot hm^{-2})^2$
n_i	i 项目碳层的样地数量
M	项目碳层数量

第五步：计算项目边界内竹林生物质碳储量：

$$C_{BAMBOO,PROJ,t} = A \times C_{BAMBOO,t} \qquad \text{公式}(35)$$

式中：

$C_{BAMBOO,PROJ,t}$	第 t 年时，项目边界内竹林生物质碳储量，tCO_2
A	项目总面积(hm^2)
$C_{BAMBOO,t}$	第 t 年时，项目边界内单位面积竹林生物质碳储量，$tCO_2e \cdot hm^{-2}$

第六步：计算项目单位面积竹林生物质碳储量的不确定性（相对误差限）：

$$UNC_{BAMBOO,t} = \frac{t_{VAL} \times s_{C_{BAMBOO,t}}}{C_{BAMBOO,t}} \qquad \text{公式}(36)$$

式中：

| $UNC_{BAMBOO,t}$ | 以抽样调查的相对误差限（%）表示的项目单位面积竹林生物质碳储量的不确定性（%） |
| t_{VAL} | 可靠性指标：通过危险率（1 - 置信度）和自由度（n - M）查 t 分布的双侧分位数表，其中 n 为项目样地总数，M 为项目碳层数量。例如：置信度90%，自由度为45时的可靠性指标可在 excel 中用" = TINV(0.10, 45)"[1]计算得到 1.6794 |

---

① 在 EXCEL 2010 中采用了 T. INV()，而不是 TINV()。

$s_{C_{BAMBOO,t}}$ 项目单位面积竹林生物质碳储量的方差的平方根，即平均值的标准误，$tCO_2e \cdot hm^{-2}$

6.4　精度控制和校正

本方法学仅要求对营造的竹子生物量的监测精度进行控制，要求达到 90% 可靠性水平下 90% 的精度。如果不确定性 $UNC_{BAMBOO,t} > 10\%$，项目参与方可通过增加样地数量，从而使测定结果达到精度要求，也可以选择下述打折的方法。

$$\Delta C_{BAMBOO,PROJ,t_1,t_2} = (C_{BAMBOO,PROJ,t_2} - C_{BAMBOO,PROJ,t_1}) \times (1 - DR) \qquad 公式(37)$$

式中：

$\Delta C_{BAMBOO,PROJ,t_1,t_2}$　　时间区间 $t_1 - t_2$ 内竹林生物质碳储量的变化量，tCO_2e

$C_{BAMBOO,PROJ,t_1}$　　时间为 t_1 时竹林生物质碳储量，tCO_2e

$C_{BAMBOO,PROJ,t_2}$　　时间为 t_2 时竹林生物质碳储量，tCO_2e

DR　　根据项目的不确定性确定的调减因子，%

调减因子表

不确定性 UNC_{BAMBOO} (%)	DR(%)①	
	$(C_{BAMBOO,PROJ,t_2} - C_{BAMBOO,PROJ,t_1}) > 0$	$(C_{BAMBOO,PROJ,t_2} - C_{BAMBOO,PROJ,t_1}) < 0$
小于或等于10%	0%	0%
大于10%小于20%	6%	−6%
大于20%小于30%	11%	−11%
大于或等于30%	增加监测样地数量	

---

① 根据 AR-ACM0003 调整。

6.5　不需监测的数据和参数（采用的缺省值或一次性测定值）

数据/参数	$f_{DBH,j}(t_a)$
单位	cm
应用的公式编号	（4）
描述	在竹林发育成林阶段，竹种(组)j 的平均胸径与竹林年龄的相关方程
数据源	数据源优先选择次序为： （a）现有的、当地的或相似生态条件下的基于竹种或竹种组的数据； （b）从类似竹种组中选择； （c）根据缺省方程计算： 大径散生竹(毛竹)：$DBH = 5.2000 + 0.572 \cdot t_a + 0.0452 \cdot t_a^2 - 0.0056 \cdot t_a^3$ 大径丛生竹(麻竹)： $DBH = 1.960772 + 1.1039603 \cdot t_a$
测定步骤(如果有)	不适用
说明	由于有的文献是用胸径，有的用眉径，也有少量用地径，因此，这里的胸径可以用眉径或地径代替，取决于方程所用的变量的实际含义。

数据/参数	$f_{H,j}(t_a, DBH)$
单位	m
应用的公式编号	（5）
描述	在竹林发育成林阶段，竹种(组)j 的平均高度与竹林年龄和(或)平均胸径的相关方程
数据源	数据源优先选择次序为： （a）现有的、当地的或相似生态条件下的基于竹种或竹种组的数据； （b）从类似竹种组中选择； （c）根据缺省方程计算： 大径散生竹(毛竹)：$H = 0.5702 + 1.6426 \cdot DBH - 0.0465 \cdot DBH^2$ 大径丛生竹(麻竹)：$\dfrac{1}{H} = 0.06452891 + 0.2233144 \cdot \dfrac{1}{t_a}$
测定步骤(如果有)	不适用
说明	由于有的文献是用胸径，有的用眉径，也有少量用地径，因此，这里的胸径可以用眉径或地径代替，取决于方程所用的变量的实际含义。

数据/参数	$f_{AB}(DBH_j, H_j)$

数据/参数	$f_{AB}(DBH_j, H_j)$
单位	Kg d·m·株$^{-1}$
应用的公式编号	(6)
描述	竹种(组)j的地上生物量方程,即单株地上生物量与胸径和竹高的相关方程
数据源	数据源优先选择次序为: (a)现有的、当地的或相似生态条件下的基于竹种或竹种组的数据; (b)从附件中选择适合的竹类生物量方程。
测定步骤(如果有)	不适用
说明	在选择竹子生物量方程时,须充分考虑竹子类型(丛生、散生、混生、大径竹和小径竹)。这里的胸径可以用眉径或地径代替,取决于方程所用的变量的实际含义。

数据/参数	$CF_{j,B}$
单位	tC·t^{-1}
应用的公式编号	(7)
描述	竹子含碳率
数据源	数据源优先选择次序为: (a)当地分别竹种或竹种组的数据; (b)省级分别竹种或竹种组的数据(如省级温室气体清单); (c)国家级分别竹种或竹种组的数据(如国家温室气体清单); (d)缺省值0.50。
测定步骤(如果有)	不适用
说明	

数据/参数	$f_{N,j}(t_a)$
单位	株·hm^{-2}或株·丛$^{-1}$
应用的公式编号	(8)
描述	竹种(组)j的立竹度与竹林年龄的相关方程
数据源	数据源优先选择次序为: (a)现有的、当地的或相似生态条件下的基于竹种或竹种组的数据; (b)从类似竹种组中选择; (c)毛竹缺省数据: 表格如下
测定步骤(如果有)	不适用
说明	

林龄	1	2	3	4	5	6	7
立竹度 (株·hm^{-2})	375	614	890	1,455	2,175	2,335	2,550

<table>
<tr><td>数据/参数</td><td>R_{j,t_a}</td></tr>
<tr><td>单位</td><td>无量纲</td></tr>
<tr><td>应用的公式编号</td><td>(11)</td></tr>
<tr><td>描述</td><td>j 竹种(组)在竹林年龄为 t_a 时的地下生物量与地上生物量之比</td></tr>
<tr><td>数据源</td><td>数据源优先选择次序为:
(a)现有的、当地的或相似生态条件下的基于竹种或竹种组的数据;
(b)国家级基于竹种或竹种组和竹林年龄的数据(如森林资源清查或国家温室气体清单编制中的数据);
(c)如果没有上述相关的数据源可用,则可假定地下生物量与地上生物量之比为常数(不随竹林年龄 t_a 而发生变化)并可从下表中选择缺省值:

<table>
<tr><th>竹子类型</th><th>代表竹种</th><th>平均值</th><th>样本数</th><th>标准差</th></tr>
<tr><td>大径散生竹</td><td>刚竹属(毛竹)</td><td>0.605</td><td>50</td><td>0.071</td></tr>
<tr><td></td><td>刚竹属(毛环竹)</td><td>0.688</td><td>16</td><td>0.023</td></tr>
<tr><td>大径丛生竹</td><td>簕竹属(绿竹)</td><td>1.127</td><td>27</td><td>0.112</td></tr>
<tr><td></td><td>其他大径丛生竹</td><td>1.376</td><td>21</td><td>0.330</td></tr>
<tr><td>小径散生竹</td><td>刚竹属(雷竹)</td><td>0.200</td><td>75</td><td>0.034</td></tr>
<tr><td>小径丛生竹</td><td>所有小径丛生竹</td><td>0.632</td><td>14</td><td>0.153</td></tr>
<tr><td>复轴混生型竹</td><td>寒竹属(方竹)</td><td>0.389</td><td>40</td><td>0.051</td></tr>
<tr><td></td><td>寒竹属(筇竹)</td><td>0.816</td><td>165</td><td>0.097</td></tr>
<tr><td></td><td>其他混生竹</td><td>0.928</td><td>44</td><td>0.162</td></tr>
</table>
数据源:来自竹林生物量文献的数据库。</td></tr>
<tr><td>测定步骤(如果有)</td><td>不适用</td></tr>
<tr><td>说明</td><td>推荐优先使用基于竹林年龄的地下生物量与地上生物量之比,直到竹林地下生物量达到稳定为止。</td></tr>
</table>

数据/参数	CF_S
单位	$t\ C \cdot t^{-1}$
应用的公式编号	(13)
描述	灌木生物量含碳率
数据源	数据源优先选择次序为: (a)当地分别灌木种(组)的数据; (b)省级分别灌木种(组)的数据(如省级温室气体清单); (c)国家级分别灌木种(组)的数据(如国家级温室气体清单); (d)可采用 IPCC 缺省值:0.47 $tC \cdot t^{-1}$。
测定步骤(如果有)	不适用
说明	

数据/参数	R_S
单位	无量纲
应用的公式编号	(13)
描述	灌木和杂竹丛的地下生物量与地上生物量之比
数据源	数据源优先选择次序为： (a)现有的、当地的或相似生态条件下的基于树种或树种组的数据； (b)省级基于灌木种的数据（如森林资源清查或国家温室气体清单编制中的数据）； (c)国家级基于灌木种的数据（如森林资源清查或国家温室气体清单编制中的数据）。 如果没有上述数据源的数据，可采用IPCC缺省值0.4。但对于杂竹丛，如果没有数据，可采用上述竹林的缺省值。
测定步骤(如果有)	不适用
说明	

数据/参数	BDR_{SF}
单位	无量纲
应用的公式编号	(14)
描述	灌木盖度为1.0时的每公顷灌木生物量与拟议项目所在地区完全郁闭森林每公顷地上生物量之比
数据源	数据源优先选择次序为： (a)现有的、当地的或相似生态条件下的数据； (b)国家级的数据（如森林资源清查或国家温室气体清单编制中的数据）； (c)使用缺省值0.10。
测定步骤(如果有)	不适用
说明	

数据/参数	B_{FOREST}
单位	$t \cdot hm^{-2}$
应用的公式编号	(14)
描述	拟议项目所在地区完全郁闭人工林平均每公顷地上生物量(干重)
数据源	数据源优先选择次序为： (a)现有的、当地的或相似生态条件下的数据； (b)国家级数据（如森林资源清查或国家温室气体清单编制中的数据）。
测定步骤(如果有)	不适用
说明	

数据/参数	DF_{LI}
单位	%
应用的公式编号	（16）
描述	枯落物碳储量与竹林生物质碳储量之比
数据源	数据源优先选择次序为： （a）现有的、当地的或相似生态条件下的基于竹种或竹种组的数据； （b）从类似竹种组中选择； （c）从下表中选择缺省值：

森林类型	平均值	样本量	标准差
散生竹	5.28%	13	0.932%
丛生竹	6.25%	11	0.840%

数据来源：基于发表的生物量和枯落物文献建立的数据库。

测定步骤（如果有）	不适用
说明	

数据/参数	SOC_{REF}
数据单位	$tC \cdot hm^{-2}$
应用的公式编号	（17）、（18）
描述	与项目第 i 项目碳层具有相似气候、土壤条件的当地自然植被（如当地未退化的、未利用土地上的自然植被）下土壤有机碳储量的参考值
数据源	数据源优先顺序： （a）公开出版的与项目区条件相似的数据； （b）相关国家资源调查数据（如土壤普查、森林资源清查或温室气体国家清单）； （c）从下表中选择缺省值：

矿质土壤的土壤有机碳库碳储量缺省值（$tC \cdot hm^{-2}$，深度 0～30cm）

气候地区	高活性黏土（a）	低活性黏土（b）	沙质土（c）	火山灰土（d）
热带，干燥	38	35	31	50
热带，湿润	65	47	39	70
热带，湿润	44	6	66	130
热带，山地	88	3	34	80

（a）高活性黏质土壤（HAC）为轻度到中度风化土壤，由 2：1 硅酸盐黏土矿物组成（见世界土壤资源参比基础（WRB）的分类，包括薄层土、变性土、栗钙土、黑钙土、黑土、淋溶土、高活性强酸土、漂白红砂土、碱土、钙积土、石膏土、暗色土、雏形土、粗骨土；在美国农业部（USDA）的分类包括软土、变性土、高基淋溶土、旱成土、始成土）；

（续）

数据源	（b）低活性黏质土壤为高度风化的土壤，由黏土矿质与非结晶铁铝氧化物按1：1的比例组成（见世界土壤资源参比基础（WRB）的分类，包括低活性强酸土、低活性淋溶土、黏绨土、铁铝土；美国农业部的分类包括老成土、氧化土和酸性淋溶土） （c）包括标准结构中砂土比例 >70% 且粘土比例 <8% 的所有土壤（与土壤分类无关，在世界土壤资源参比基础（WRB）中包括砂性土，在美国农业部（USDA）的分类中包括砂新成土）； （d）来自火山灰及其同分异构矿质的土壤（在世界土壤资源参比基础（WRB）中为火山灰土，在美国农业部（USDA）的分类为火山灰土）。
测定步骤	不适用
说明	

数据/参数	$f_{LU,i}$
数据单位	无量纲
应用的公式编号	（17）
描述	第 i 项目碳层与基线土地利用方式相关的碳储量变化因子
数据源	数据源优先顺序： （a）公开出版的与项目区条件相似的数据； （b）国家有关资源调查数据（如土壤普查、森林资源清查或温室气体国家清单）； （c）从下表中选择：

不同农田土地利用相关的碳储量变化因子（20 年内的净效应）

土地利用	温度条件	湿度条件	因子值	说明
长期耕种	热带	干燥	0.58	连续耕种 20 年以上的农田
		湿润	0.48	
	热带山地	不适用	0.64	
短期耕种（<20 年）或闲置（<5 年）	热带	干燥	0.93	连续耕种时间不足 20 年的农田、和（或）在最近 20 年的任意时间段内闲置时间少于 5 年的农田
		湿润	0.82	
	热带山地	不适用	0.88	

草地管理碳储量相对变化因子（20 年内的净效应）

土地利用	气候区	因子值	说明
全部	全部	1.00	所有永久草地的土地利用因子值为1

测定步骤	不适用
说明	

数据/参数	$f_{MG,i}$
数据单位	无量纲
应用的公式编号	(17)
描述	第 i 项目碳层与基线管理模式相关的碳储量变化因子
数据源	数据源优先顺序：（a）现有的、公开发表的、当地的或相似生态条件下的数据；（b）从下表中选择： **不同农田管理措施相关的碳储量变化因子（20 年内的净效应）** 见下表 **草地管理碳储量相对变化因子（20 年内的净效应）** 见下表
测定步骤	不适用
说明	

数据源栏内表格：

不同农田管理措施相关的碳储量变化因子（20 年内的净效应）

土地管理	温度条件	湿度条件	因子值	说明及标准
全耕	全部	干燥和湿润/湿地	1.00	充分翻耕或在一年内频繁耕作导致强烈土壤扰动。在种植期地表残体盖度低于30%
少耕	热带	干燥	1.09	对土壤的扰动较低（通常耕作深度浅，不充分翻耕）。在种植期地表残体盖度通常大于30%
		湿润/湿地	1.15	
	热带山地		1.09	

草地管理碳储量相对变化因子（20 年内的净效应）

土地管理	气候区	因子值	说明
中等退化草地	热带	0.97	过牧或中度退化，相对于未退化草地，生产力较低，且未实施改良措施
	热带山地	0.96	
严重退化	全部	0.70	

数据/参数	$f_{IN,i}$
数据单位	无量纲
应用的公式编号	(17)
描述	第 i 项目碳层与基线有机碳输入类型（如农作物秸秆还田、施用肥料）相关的碳储量变化因子
数据源	数据源优先顺序： （a）现有的、公开发表的、当地的或相似生态条件下的数据； （b）省级或国家水平的适用于项目实施区的数据； （c）从下表中选择缺值：

（续）

数据源	**不同农田输入相关的碳储量变化因子（20 年内的净效应）**

输入水平	温度条件	湿度条件	因子值	说明及标准
低	热带	干燥	0.95	收集去除或燃烧地表残体（如秸秆焚烧）；或频繁裸地休耕；或农作物残体较少（如蔬菜，烟草，棉花等）；或不施矿物肥料、不种植固氮作物等
		湿润/湿地	0.92	
	热带山地		0.94	
中	全部	干燥和湿润/湿润	1.00	所有作物残留都返回到田地里。若残留物被移除则添加有机质（如粪肥）。另外，施加矿质肥料或轮作固氮作物。
高，不施肥	热带	干燥	1.04	通过额外措施（如种植残体较多的农作物、施用绿肥、种植覆盖作物、休耕、灌溉、一年生作物轮作中频繁种植多年生草本植物，但不施有机肥），使作物残体的碳输入量显著增加。
		湿润	1.11	
	热带山地		1.08	

草地管理碳储量相对变化因子（20 年内的净效应）

输入水平	气候区	因子值	说明
中等退化草地	热带	0.97	过牧或中度退化，相对于未退化草地，生产力较低，且未实施改良措施
	热带山地	0.96	
严重退化	全部	0.70	

测定步骤	不适用
说明	

数据/参数	BU_{ty}
单位	%
应用的公式编号	（21）
描述	竹子采伐用于 ty 类竹产品利用率
数据源	数据源优先选择次序为： （a）当地基于竹产品种类和竹种的数据； （b）国家级基于竹产品种类和竹种的数据； （c）使用如下缺省值： • 竹材层压板：50% • 竹胶合板：40% • 竹地板：20% • 纸和纸产品：90% • 其他（如生产和生活工具）：50% 数据来源：王小青等（2002）

（续）

测定步骤(如果有)	不适用
说明	

数据/参数	LT_{ty}
单位	年
应用的公式编号	（22）
描述	ty 类竹产品的使用寿命
数据源	数据源优先选择次序为： （a）公开出版的适于当地条件和产品类型的文献数据； （b）国家级基于木（竹）产品的数据； （c）从下表选择缺省数据： 表格见下 数据源：参考下列文献确定： a）IPCC LULUCF 优良做法指南； b）COP 17 关于《京都议定书》第二承诺期 LULUCF 的决议； c）白彦锋（2010）。
测定步骤(如果有)	不适用
说明	

木（竹）产品类型	LT_{ty}
建筑	50
家具	30
矿柱	15
车船	12
包装用材	8
纸和纸板	3
锯材	30
人造板	20
薪材	1

数据/参数	$COMF$
数据单位	无量纲
应用的公式编号	（24）
描述	竹林燃烧系数

（续）

数据源	数据来源的选择应遵循如下顺序： (a)项目实施区当地的调查数据； (b)相邻地区相似条件下的调查数据； (c)国家水平的适用于项目实施区的数据； (d)使用缺省值：0.67。
测定步骤	
说明	

数据/参数	EF_{CH_4}
数据单位	$gCH_4 \cdot kg^{-1}$
应用的公式编号	(24)
描述	CH_4排放因子，燃烧1kg干物质排放CH_4的克数
数据源	数据来源的选择应遵循如下顺序： (a)项目实施区当地的调查数据； (b)相邻地区相似条件下的调查数据； (c)省级或国家水平的适用于项目实施区的数据； (d)采用缺省值：6.8。
测定步骤	
说明	

数据/参数	EF_{N_2O}
数据单位	$gN_2O \cdot kg^{-1}$
应用的公式编号	(24)
描述	N_2O排放因子，燃烧1kg干物质排放N_2O的克数
数据源	应对数据来源进行选择，具体选择顺序如下： (a)项目实施区当地的调查数据； (b)相邻地区相似条件下的调查数据； (c)省级或国家水平的适用于项目实施区的数据； (d)采用缺省值：0.26。
测定步骤	
说明	

6.6　监测的数据和参数

数据/参数	$A_{BAMBOO,i,j,t}$
单位	hm^2
应用的公式编号	(9)、(10)、(11)、(20)、
描述	第 t 年第 i 碳层 j 竹种(组)的面积
数据源	野外测定
测定步骤	采用国家森林资源调查、规划设计调查或作业设计调查使用的标准操作程序(SOP)，如果没有，可采用公开出版的相关技术手册或 IPCC GPG LULUCF 2003 中描述的 SOP。其边界数据最好易于输入 GIS。
监测频率	首次核查后每 3~10 年一次
QA/QC 程序	采用国家森林资源调查、规划设计调查或作业设计调查使用的质量保证和质量控制(QA/QC)程序，如果没有，可采用公开出版的相关技术手册或 IPCC GPG LULUCF 2003 中描述的 QA/QC 程序。
说明	

数据/参数	A_p
单位	hm^2
应用的公式编号	(27)、(28)、(31)
描述	样地的面积
数据源	野外测定
测定步骤	采用国家森林资源清查使用的标准操作程序(SOP)，如果没有，可采用公开出版的相关技术手册或 IPCC GPG LULUCF 2003 中描述的 SOP。
监测频率	首次核查开始每 3~10 年一次
QA/QC 程序	采用国家森林资源清查使用的质量保证和质量控制(QA/QC)程序，如果没有，可采用公开出版的相关技术手册或 IPCC GPG LULUCF 2003 中描述的 QA/QC 程序。
说明	样地位置应用 GPS 或 Compass 记录且在图上标出。

数据/参数	DBH
单位	cm
应用的公式编号	
描述	通常为胸径，也可以是眉径或地径

（续）

数据源	野外样地测定。
测定步骤	采用国家森林资源清查使用的标准操作程序（SOP），如果没有，可采用公开出版的相关技术手册或 IPCC GPG LULUCF 2003 中描述的 SOP。
监测频率	首次核查开始每 3 ~ 10 年一次
QA/QC 程序	采用国家森林资源清查使用的质量保证和质量控制（QA/QC）程序，如果没有，可采用公开出版的相关技术手册或 IPCC GPG LULUCF 2003 中描述的 QA/QC 程序。
说明	

数据/参数	H
单位	m
应用的公式编号	
描述	竹秆高度
数据源	野外样地测定。
测定步骤	采用国家森林资源清查使用的标准操作程序（SOP），如果没有，可采用公开出版的相关技术手册或 IPCC GPG LULUCF 2003 中描述的 SOP。
监测频率	首次核查开始每 3 ~ 10 年一次
QA/QC 程序	采用国家森林资源清查使用的质量保证和质量控制（QA/QC）程序，如果没有，可采用公开出版的相关技术手册或 IPCC GPG LULUCF 2003 中描述的 QA/QC 程序。
说明	高度可以是全竹秆高，也可以是其他高度，取决于方程中使用的高度含义

数据/参数	$A_{SHRUB\_PROJ,i,t}$
单位	hm^2
应用的公式编号	（13）
描述	t 年时 i 碳层灌木（包括杂竹丛）的面积
数据源	野外测定
测定步骤	采用国家森林资源清查使用的标准操作程序（SOP），如果没有，可采用公开出版的相关技术手册或 IPCC GPG LULUCF 2003 中描述的 SOP。
监测频率	首次核查开始每 3 ~ 10 年一次
QA/QC 程序	采用国家森林资源清查使用的质量保证和质量控制（QA/QC）程序，如果没有，可采用公开出版的相关技术手册或 IPCC GPG LULUCF 2003 中描述的 QA/QC 程序。
说明	

数据/参数	$CC_{SHRUB\_PROJ,i,t}$
单位	无量纲
应用的公式编号	(14)
描述	t 年时，第 i 碳层的灌木(包括杂竹丛)盖度
数据源	野外测定
测定步骤(如果有)	考虑到灌木生物量相对于林木生物量较小，可采用简化的方法测定灌木盖度，如样线方法、目测方法
频率	首次核查开始每 3 年~10 年一次
QA/QC 程序	采用国家森林资源清查使用的标准操作程序(SOP)，如果没有，可采用公开出版的相关技术手册或 IPCC GPG LULUCF 2003 中描述的 SOP。
说明	当基线情景下存在周期性采伐和炼山时，采用 0.5 做为灌木的平均盖度。如果选用不同的数值，须提供透明和可核实的信息来证明

数据/参数	$C_{BAMBOO,Stem,ty,t}$
单位	tCO_2e
应用的公式编号	(21)
描述	t 年时，项目采伐的、用于生产 ty 类竹产品的竹秆生物质碳储量
数据源	调查测定
测定步骤(如果有)	如果采伐的竹子是以竹秆鲜重计，则应将鲜重通过含水率换算成干重，然后转化为 CO_2 的量。如果采伐利用整株竹子(包括枝和叶)，则为地上生物质碳储量。
频率	每次采伐时
QA/QC 程序	采用国家森林资源调查规划设计使用的标准操作程序(SOP)
说明	

数据/参数	ty
单位	无量纲
应用的公式编号	(21)、(22)
描述	从竹子造林项目采伐的竹子利用产品类型
数据源	调查测定
测定步骤(如果有)	• 对于社区采伐，采用 PRA 的方法调查其采伐的竹子的用途、销售去向，调查样本不少于所涉社区户数的 10%。同时跟踪调查所销售竹子的用途和产品种类及其比例。 • 对于企业为主的采伐，记录销售去向，并跟踪调查所销售竹子的用途和产品种类及其比例。

（续）

频率	社区采伐每年一次；企业采伐每采伐一次监测一次
QA/QC 程序	
说明	

数据/参数	$A_{BURN,i,t}$
数据单位	hm^2
应用的公式编号	（24）、（25）
描述	第 t 年第 i 层发生火灾的面积
数据源	野外测量或者遥感监测
测定步骤	对发生火灾的区域边界进行定位，可采用地面 GPS 定位或是通过遥感数据反演
监测频率	每次森林火灾发生时均须测量
QA/QC 程序	采用国家森林资源调查使用的质量保证和质量控制（QA/QC）程序
说明	

参考文献

[1]何亚平, 费世民, 蒋俊明, 等. 长宁毛竹和苦竹有机碳空间分布格局[J]. 四川林业科技, 2007, 28(5): 10-14.

[2]陈辉, 洪伟, 兰斌, 等. 闽北毛竹生物量与生产力的研究[J]. 林业科学, 1998, 34(1): 60-64.

[3]巫启新. 贵州毛竹林类型与林分结构的研究[J]. 竹子研究汇刊, 1983, 2(1): 112-124.

[4]聂道平. 毛竹林结构的动态特性[J]. 林业科学, 1994, 30(3): 201-208.

[5]郑郁善, 洪伟. 毛竹经营学[M]. 厦门: 厦门大学出版社, 1998.

[6]周国模. 毛竹林生态系统中碳储量、固定及其分配与分布的研究[D]. 杭州: 浙江大学环境与资源学院, 2006.

[7]陈双林, 吴柏林, 吴明, 等. 退化低丘红壤新造毛竹林地上部分生物量的研究[J]. 江西农业大学学报, 2004, 26(4): 527-531.

[8]黎曦, 鲍雪芳, 王福升. 赣南毛竹生物量研究[J]. 安徽林业科技, 2007(1): 9-11.

[9]徐道旺, 陈少红, 杨金满. 毛环竹笋用林生物量结构调查分析[J]. 福建林业科技, 2004, 31(1): 67-70.

[10]郑郁善, 陈希英, 方承, 等. 台湾桂笔生物产量模型研究[J]. 福建林学院学报, 1997, 1(1): 52-55.

[11]郑郁善, 梁鸿燊. 台湾桂竹各器官生物量模型研究[J]. 竹子研究汇刊, 1998, 17(1): 37-41.

[12]梁鸿燊, 陈学魁. 麻竹单株生物量模型研究[J]. 福建林学院学报, 1998, 18(3): 260-262.

[13]郑郁善, 梁鸿集, 游兴早. 绿竹生物量模型研究[J]. 竹子研究汇刊, 1997, 16(4): 43-46.

[14]苏文会, 顾小平, 官凤英, 等. 大木竹种群生物量结构及其回归模型[J]. 南京林业大学学报(自然科学版), 2006, 30(5): 51-54.

[15]付建生, 董文渊, 韩梅, 等. 撑绿竹不同径阶的生物量结构分析[J]. 林业科技开发, 2007, 21(5): 47-49.

[16]徐小军, 周国模, 杜华强, 等. 基于 Landsat TM 数据估算雷竹林地上生物量[J]. 林业科学, 2011, 47(9): 1-6.

[17]黄宗安, 郑明生, 张居文, 等. 石竹各器官生物量回归模型研究[J]. 福建林业科技, 2000, 27(3): 35-37.

[18]潘红丽, 李迈和, 田雨, 等. 卧龙自然保护区油竹子形态学特征及地上部生物量对海拔

梯度的响应[J]. 四川林业科技，2010，31(3)：30 – 36.

[19]秦自生，马焱，马恒银. 拐棍竹生物生产量的预测模型[J]. 四川师范学院学报，1990，11(2)：98 – 102.

[20]郭子武，李迎春，杨清平，等. 花吊丝竹立竹构件与生物量关系的研究[J]. 热带亚热带植物学报，2009，17(6)：543 – 548.

[21]郑郁善，陈明阳，林金国，等. 肿节少穗竹各器官生物量模型研究[J]. 福建林学院学院，1999，18(2)：159 – 162.

[22]魏泽长，武大宇，王希荣，等. 水竹人工林生物量结构的研究[J]. 植物生态学与地植物学学报，1986，10(3)：190 – 198.

[23]杨前宇，谢锦忠，张玮，等. 橡竹各器官生物量模型[J]. 浙江农林大学学报，2011，28(3)：519 – 526.

[24]郑容妹，郑郁善，闽锋，等. 苦竹生物量模型的研究[J]. 福建林学院学报，2003，23(1)：61 – 64.

[25]林新春，方伟，俞建新，等. 苦竹各器官生物量模型[J]. 浙江林学院学报，2004，21(2)：168 – 171.

[26]郑金双，曹永慧，肖书平，等. 茶秆竹生物量模型研究[J]. 竹子研究汇刊，2001，20(4)．67 – 71.

[27]刘庆，钟章成. 斑苦竹无性系种群生物量结构与动态研究[J]. 竹类研究，1996 (1)：51 – 56.

[28]顾大形，陈双林，郭子武，等. 四季竹立竹地上现存生物量分配及其与构件因子关系[J]. 林业科学研究，2011，24(4)：495 – 499.

附件：竹子生物量方程参考表

竹林类型	竹种	方程（Kg 干重/株）	建模地点	文献
大径散生竹	刚竹属（毛竹）	$W = 0.3513\,DBH^2 - 2.3434\,DBH + 9.7697$	四川长宁	[1]
		$W = 0.2134164\,DBH^{-0.5805}\,H^{2.3131}$	闽北	[2]
		$W_{Stem} = 0.10872076\,DBH^{2.343767592}$	黔北	[3]
		$W_{BL} = 0.79406626\,DBH^{0.851338077}$		
		$W = 0.28040806\,DBH^{2.029781851}$		
		$W_{AB} = 0.0925\,DBH^{2.081} + 1.1340 N^{0.3054} DBH^{0.933}$	江西大岗山	[4]
		$W_{AB} = 0.1574\,DBH^{2.3049}$		[5]
		$W_{AB} = 747.787 D^{2.771} \left(\dfrac{0.148T}{0.028+T} \right)^{5.555} + 3.772$	浙江	[6]
		$W_{AB} = -11.497 + 3.0465 DBH + 0.1117 DBH^2$	江西、浙南	[7]
		$W_{AB} = 0.04504749281 DBH^{2.2890229} H^{0.28643528}$	赣南	[8]
	刚竹属（毛环竹）	$W_{AB} = 0.014467\,DBH^{0.6278} H^{2.4396}$		[9]
		$W = 0.22128\,DBH^{0.59736} H^{2.2214}$		
	刚竹属（台湾桂竹）	$W_{AB} = 0.1639 \cdot DBH^{1.8990}$	福建东部	[10]
		$W = 0.1718 \cdot DBH^{1.9756}$		
		$W_{AB} = 0.00152 DBH^{2.4094} H^{-0.3028}$	福建东部	[11]
		$W = 0.000721 DBH^{2.8382} H^{-0.3078}$		
大径丛生竹	牡竹属（麻竹）	$W_{AB} = 0.540093 DBH^{1.9305}$	福建、海南	[12]
		$W_{AB} = 0.172139 DBH^{1.5684} H^{0.3916}$		
	绿竹属（绿竹）	$W_{AB} = 0.197169 \cdot DBH^{2.244206}$	福建	[13]
		$W_{AB} = 0.194103 \cdot DBH^{1.687679} H^{0.488312}$		
	箣竹属（大木竹）	$W_{AB} = 0.4524 DBH^{2.0347}$	浙南	[14]
		$W = 0.5122 DBH^{2.0391}$		
	撑绿竹	$W_{AB} = 3.11219 + 0.03232 DBH^2 H$	云南水富	[15]
		$W = 3.55698 + 0.00033789\,DBH^2 H$		
小径散生竹	刚竹属（雷竹）	$W_{AB} = 0.1939 DBH^{1.5654}$	浙江西北部	[16]
	刚竹属（石竹）	$W = 0.0302 DBH^{2.4123} H^{0.6262}$	单福建尤溪	[17]
小径丛生竹	箭竹属（油竹子）	$W_{AB} = 0.020 DBH^2 H + 0.029.12$	四川	[18]
	箭竹属（拐棍竹）	$W_{AB} = 0.0719183 DBH^{0.822738}\,H$	四川	[19]

（续）

竹林类型	竹种	方程（Kg 干重/株）	建模地点	文献
小径丛生竹	牡竹属（花吊丝竹）	1 龄竹：$W_{AB} = -5.45421 + 1.46011DBH + 0.29207H$ 2 龄竹：$W_{AB} = -3.34805 + 1.94950DBH + 0.13412H$ 3 龄竹：$W_{AB} = -2.95277 + 1.84698DBH$ 4 龄竹：$W_{AB} = -1.45958 + 1.15918DBH$	福建华安	[20]
	少穗竹属（肿节少穗竹）	$W_{Stem} = 0.1888 DBH^{1.7668}$ $W_B = 0.0633 DBH^{1.2135}$ $W_L = 0.0722 DBH^{1.1853}$ $W = 0.3626 DBH^{1.3836}$	福建	[21]
	刚竹属（水竹）	$W_{AB} = 0.6439 DBH^{1.5373}$ $W = 0.3841 DBH^{1.4117}$	安徽舒城	[22]
	箣竹属（椽竹）	$W_{AB} = -7445.916 + 3925.48DBH + 45.439DBH^2 - 96.666DBH^3$ $W = -7360.122 + 3933.155DBH + 41.158DBH^2 - 93.171DBH^3$	福建建瓯	[23]
复轴混生竹	大明竹属（苦竹）	$W = 0.2668 DBH^2 + 0.0027 DBH + 0.0914$	四川长宁	[1]
		$W_{AB} = 0.1173 DBH^{0.8254}H^{1.1605}$ $W = 0.127DBH^{0.8621}H^{1.1756}$	福建尤溪	[24]
		$W_{AB} = 432.4468 - 479.3075 DBH + 422.8285 DBH^2$ $W = 0.1910380DBH^{1.1986}H^{0.2962}$	浙江杭州	[25]
	矢竹属（茶秆竹）	$W = 1.0493DBH^{1.4861}$	福建明溪	[26]
	大明竹属（斑苦竹）	$W_{AB} = 0.2180 + 0.0054 (DBH^2 H)$ $W = 0.8378 + 0.0091 (DBH^2 H)$	重庆缙云山	[27]
	少穗竹属（四季竹）	1 龄竹： $W_{AB} = -0.073 + 0.51DBH - 0.30 DBH^2 + 0.112DBH^3$ 2 龄竹： $W_{AB} = -0.515 + 2.37DBH - 2.4 DBH^2 + 0.9108 DBH^3$	浙江西北	[28]

注：W：全株总生物量；W_{AB}：地上生物量；W_{BB}：地下生物量；W_{BL}：枝叶生物量；W_{Stem}：竹杆生物量；W_B：枝生物量；W_L：叶生物量；DBH：竹子胸径或眉径（cm）；H：竹高（m）；T：竹龄（a）；N：立竹株数（株）；由于以上生物量方程建模样本普遍较少，在具体项目选择生物量方程时要进行适用性检验。

第三章　森林经营碳汇项目方法学

编制说明

　　为进一步推动以增加碳汇为主要目的的森林经营活动，规范国内森林经营碳汇项目设计文件编制、碳汇计量与监测等工作，确保森林经营碳汇项目所产生的中国核证减排量（CCER）达到可测量、可报告、可核查的要求，推动国内森林经营碳汇项目的自愿减排交易，特编制《森林经营碳汇项目方法学》（版本号 V01）。

　　本方法学以《联合国气候变化框架公约》（UNFCCC）下清洁发展机制（CDM）的方法学模板为基础，在参考和借鉴 CDM 项目有关方法学工具和程序，政府间气候变化专门委员会（IPCC）《2006 年国家温室气体清单编制指南》和《土地利用、土地利用变化与林业优良做法指南》、国际自愿减排市场林业项目相关方法学和要求，结合我国森林经营实际，经有关领域专家学者及利益相关方反复研讨后编制而成，以保证本方法学既符合国际规则又适合我国林业实际，具有科学性、合理性和可操作性。

　　本方法学由国家林业局造林绿化管理司(气候办)组织编制并归口。

　　编写单位：中国林业科学研究院森林生态环境与保护研究所、中国绿色碳汇基金会、大自然保护协会、浙江省林业科学研究院、国家林业局调查规划设计院、北京山水自然保护中心、四川省林业调查规划设计院、北京中创碳投科技有限公司。

　　主要起草人：朱建华、张小全、李金良、肖文发、白彦锋、朱汤军、张国斌、唐才富、张文、孟兵站。

1 引言

根据中华人民共和国《温室气体自愿减排交易管理暂行办法》（发改气候〔2012〕1668号）的有关规定，为推动以增加碳汇为主要目的森林经营活动，规范国内森林经营碳汇项目（以下简称"项目"）的设计、碳汇计量与监测工作等，确保项目所产生的中国核证减排量（CCER）达到可测量、可报告、可核查的要求，推动国内森林经营碳汇项目的自愿减排交易，特编制《森林经营碳汇项目方法学》（版本号V01）。

本方法学以《联合国气候变化框架公约》（UNFCCC）清洁发展机制（CDM）下2012年批准的最新方法学模板为基础，参考和借鉴CDM方法学有关工具和程序、政府间气候变化专门委员会（IPCC）《2006年国家温室气体清单编制指南》和《土地利用、土地利用变化与林业优良做法指南》、并结合国内有关森林经营工作实际，经有关领域专家学者及利益相关方反复研讨后编制而成，力求方法学的科学性、合理性和可操作性，使之符合国际规则又适应我国林业实际。

2 适用条件

使用本方法学的项目活动，应遵循以下适用条件：

（1）实施项目活动的土地为符合国家规定的乔木林地，即郁闭度≥0.20，连续分布面积≥0.0667公顷，树高≥2米的乔木林。

（2）本方法学（版本号V01）不适用于竹林和灌木林。

（3）在项目活动开始时，拟实施项目活动的林地属人工幼、中龄林。项目参与方须基于国家森林资源连续清查技术规定、森林资源规划设计调查技术规程（附件2）中的龄组划分标准，并考虑立地条件和树种，来确定是否符合该条件。

（4）项目活动符合国家和地方政府颁布的有关森林经营的法律、法规和政策措施以及相关的技术标准或规程。

（5）项目地土壤为矿质土壤。

（6）项目活动不涉及全面清林和炼山等有控制火烧。

（7）除为改善林分卫生状况而开展的森林经营活动外，不移除枯死木和地表枯落物。

（8）项目活动对土壤的扰动符合下列所有条件：

（a）符合水土保持的实践，如沿等高线进行整地；

（b）对土壤的扰动面积不超过地表面积的10%；

（c）对土壤的扰动每20年不超过一次。

采用本方法学的项目活动，还应遵循本方法学中所包含的工具以及项目活动所采用的工具的适用条件。

3　规范性引用文件

本方法学参考了下列文件和工具：

（1）温室气体自愿减排交易管理暂行办法（国家发展和改革委员会，发改气候［2012］1668号）

（2）（LY/T1690－2007）低效林改造技术规程

（3）（LY/T1560－1999）低产用材林改造技术规程

（4）国家森林资源连续清查技术规定（林资发［2004］25号）

（5）（GB/T26424－2010）森林资源规划设计调查技术规程

（6）（GB/T15781－2009）森林抚育规程

（7）（GB/18337.3－2001）生态公益林建设技术规程

（8）造林项目碳汇计量与监测指南（国家林业局，办造字［2011］18号）

（9）有关方法学和工具包：

（a）土地利用、土地利用变化和林业优良做法指南（IPCC，2003）

（b）非湿地的土地上大规模CDM造林再造林项目活动的基线与监测方法学（AR－ACM0003）

（c）A/R CDM项目活动基线情景确定和额外性论证工具（V1.0.0，EB35）

（d）A/R CDM项目活动林木和灌木生物量及其变化的估算工具（V3.0.0，EB 70）

（e）A/R CDM项目活动监测样地数量的计算工具（V2.1.0，EB 58）

（f）A/R CDM项目活动估算林木地上生物量所采用的生物量方程的适用

性论证工具(V1.0.0，EB65)

(g)A/R CDM 项目活动估算林木生物量所采用的材积表或材积公式的适用性论证工具(V1.0.1，EB67)

(h)A/R CDM 项目活动生物质燃烧造成非 CO_2 温室气体排放增加的估算工具(V4.0.0，EB 65)

4 定义

本方法学所使用的有关术语的定义如下：

森林经营：本方法学中的"森林经营"特指通过调整和控制森林的组成和结构、促进森林生长，以维持和提高森林生长量、碳储量及其他生态服务功能，从而增加森林碳汇的经营活动。主要的森林经营活动包括：结构调整、树种更替、补植补造、林分抚育、复壮和综合措施等(见附件1)。

项目边界：是指由对拟议项目所在区域的林地拥有所有权或使用权的项目参与方(项目业主)实施森林经营碳汇项目活动的地理范围。一个项目活动可在若干个不同的地块上进行，但每个地块应有特定的地理边界，该边界不包括位于两个或多个地块之间的林地。项目边界包括事前项目边界和事后项目边界。

项目情景：指拟议的项目活动下的森林经营情景。

基线情景：指在没有拟议的项目活动时，项目边界内的森林经营活动的未来情景。

事前项目边界：是在项目设计和开发阶段确定的项目边界，是计划实施项目活动的边界。

事后项目边界：是在项目监测时确定的、经过核实的、实际开展项目活动的边界。

碳库：包括地上生物量、地下生物量、枯落物、枯死木和土壤有机质。

地上生物量：指土壤层以上以干重表示的活体生物量，包括树干、树桩、树枝、树皮、种子、花、果和树叶等。

地下生物量：指所有林木活根的生物量。由于细根(直径≤2mm)通常很难从土壤有机成分或枯落物中区分出来，因此通常不包括该部分。

枯落物：指土壤层以上、直径小于 5 厘米、处于不同分解状态的所有死生物量，包括凋落物、腐殖质，以及不能从经验上从地下生物量中区分出来的活细根（直径≤2mm）。

枯死木：指枯落物以外的所有死生物量，包括枯立木、枯倒木以及直径大于或等于5厘米的枯枝、死根和树桩。

土壤有机质：指一定深度内（通常为100cm）矿质土和有机土（包括泥炭土）中的有机质，包括不能从经验上从地下生物量中区分出来的活细根（直径≤2mm）。

泄漏：指由拟议的森林经营碳汇项目活动引起的、发生在项目边界之外的、可测量的温室气体源排放的增加量。

计入期：指项目情景相对于基线情景产生额外的温室气体减排量的时间区间。

基线碳汇量：指在基线情景下（即没有拟议的森林经营碳汇项目活动的情况下），项目边界内碳库中碳储量变化之和。

项目碳汇量：指在项目情景下（即在拟议的森林经营碳汇项目活动情景下），项目边界内所选碳库中碳储量变化量之和，减去由拟议的森林经营碳汇项目活动引起的温室气体排放的增加量。

项目减排量：即由于项目活动产生的净碳汇量。项目减排量等于项目碳汇量减去基线碳汇量，再减去泄漏量。

额外性：指拟议的森林经营碳汇项目活动产生的项目碳汇量高于基线碳汇量的情形。这种额外的碳汇量在没有拟议的森林经营碳汇项目活动时是不会产生的。

土壤扰动：是指导致土壤有机碳降低的活动，如整地、松土、翻耕、挖除树桩（根）等。

5　基线与碳计量方法

5.1　项目边界的确定

事前项目边界可采用下述方法之一确定：

（1）采用全球定位系统（GPS）、北斗卫星导航系统（Compass）或其他卫星导航系统，进行单点定位或差分技术直接测定项目地块边界的拐点坐标，定位误差不超过 5 米。

(2)利用高分辨率的地理空间数据(如卫星影像、航片)、森林分布图、林相图、森林经营管理规划图等,在地理信息系统(GIS)辅助下直接读取项目地块的边界坐标。

(3)使用大比例尺地形图(比例尺不小于 1∶10000)进行现场勾绘,结合 GPS、Compass 等定位系统进行精度控制。

事后项目边界可采用上述方法(1)或(2)进行,面积测定误差不超过 5%。

在项目审定和核查时,项目参与方须提交地理信息系统(GIS)产出的项目边界的矢量图形文件(.shp 文件)。在项目审定时,项目参与方须提供项目总面积三分之二或以上的林地所有权或使用权的证据。在首次核查时,项目参与方须提供所有项目地块的林地所有权或使用权的证据,如县(含县)级以上人民政府核发的林权证或其他有效的证明材料。

5.2　碳库和温室气体排放源选择

本方法学对项目边界内碳库选择如表 1。其中"木产品"碳库对项目边界内收获并产出的木产品进行计量或监测。尽管木产品是发生在项目边界外的碳库,但为了计量和监测方便,本方法学统一将其视为项目边界内的碳库来考虑。项目参与方可以根据实际数据的可获得性,或基于成本有效性和保守性原则,选择忽略"木产品"碳库的计量和监测。

表 1　项目边界内的碳库选择

碳库	是否选择	理由或解释
地上生物量	是	项目活动影响的主要碳库。
地下生物量	是	项目活动影响的主要碳库。
枯死木	是或否	与基线情景相比该碳库可能会增加或降低。如果与基线情景相比该碳库不会降低,根据成本有效性原则可以忽略该碳库。
枯落物	是或否	与基线情景相比该碳库可能会增加或降低。如果与基线情景相比该碳库不会降低,根据成本有效性原则可以忽略该碳库。
土壤有机碳	否	根据本方法学的适用条件,与基线情景相比该碳库不会降低;基于保守性和成本有效性原则,可以忽略该碳库。
木产品	是或否	根据本方法学的适用条件,与基线情景相比该碳库会增加,但项目参与方也可保守地选择不考虑该碳库。

对项目边界内的温室气体源排放的选择如表2：

表2　项目边界内温室气体排放源的选择

温室气体	排放源	是否选择	理由或解释
CO_2	木本生物质燃烧	否	该 CO_2 排放已在碳储量变化中考虑。
CH_4	木本生物质燃烧	是	森林经营过程中，木本植被生物质燃烧可引起显著的 CH_4 排放。
N_2O	木本生物质燃烧	是	森林经营过程中，木本植被生物质燃烧可引起显著的 N_2O 排放。

5.3　项目期和计入期

项目期是指实施项目活动的时间区间。项目活动开始日期是指实施森林经营碳汇项目活动的开始日期。项目活动开始日期不应早于2005年2月16日。如果项目活动开始日期早于向国家气候变化主管部门提交备案的日期，项目参与方须提供透明和可核实的证据，证明温室气体减排是项目活动最初的主要目的。这些证据须是发生在项目开始日之前的、官方的或有法律效力的文件。

计入期是指项目活动相对于基线情景产生额外温室气体减排量的时间区间。计入期的起始日期应与项目开始日期相同。计入期按国家气候变化主管部门规定的方式确定。在未颁布相关规定以前，计入期最短为20年，最长不超过60年。如：一个项目期为40年的森林经营碳汇项目，可以确定为2个20年的计入期，也可以确定一个40年的计入期。

项目参与方须清晰地说明项目活动的开始日期、计入期和项目期，并解释选择该日期的理由。

5.4　基线情景识别和额外性论证

项目参与方可通过下述程序，识别和确定项目活动的基线情景，并论证项目活动的额外性：

（1）普遍性做法分析

普遍性做法，是指在拟开展项目活动的地区或相似地区（相似的地理位置、环境条件、社会经济条件以及投资环境等），由具有可比性的实体或机构（如公司、国家政府项目、地方政府项目等）普遍实施的类似的森林经营项目活动，也包括2005年2月16日以前编制的森林经营方案。项目参与方须提供透明性文件，证明拟议森林经营项目的经营技术措施与普遍性做法有本质差异，即拟议项目不是普遍性做法。

项目活动一旦被认为不是普遍性做法，即被认定为在其计入期内具有额外性。此时，基线情景为历史的或现有的森林经营活动情景。如：在计入期内不采取任何森林经营措施、延续原来的森林经营模式、或采用原定森林经营方案进行经营等。

（2）障碍分析

如果拟议的项目活动属于普遍性做法，或者无法证明拟议的项目活动不是普遍性做法，项目参与方须通过"障碍分析"来确定拟议的项目活动的基线情景并论证其额外性。项目参与方须提供文件证明，由于障碍因素的存在阻碍了在项目区实施普遍性做法或原有的森林经营方案，则项目情景具有额外性。这种情况下，基线情景为维持历史或现有的森林经营方式。

这里的"障碍"是指实施障碍，即任何可能会阻碍拟议项目活动开展的因素。项目参与方至少需要对下列三种障碍之一进行评估：财务障碍、技术障碍或机制障碍。项目参与方可能存在多种实施障碍，但只要能证明至少有一种障碍存在，即证明项目活动具有额外性。

（a）财务障碍：包括高成本、有限的资金，或者在没有项目活动带来的温室气体减排量收益时，内部收益率低于项目参与方预期能接受的最低收益率。如果采用财务障碍分析，项目参与方须提供可靠的定量分析的证据，如净现金流和内部收益率测算，以及相关批准文件等书面材料。

（b）技术障碍：如缺乏高素质人才及技术实施的基础支撑，技术实施能力不足，缺少实践经验等。

（c）机制障碍：如缺少激励机制或政策，管理层缺乏共识，对收益认识不足等。

5.5　碳层划分

项目边界内的林分、项目活动等往往分布不均匀、差异较大。为了提高碳计量的准确性和精度、降低在一定精度要求下所需监测的样地数量，需要对项目区进行分层。分层的目的是为了降低层内变异性，增加层间变异性，同时也能降低监测成本。分层的关键是看同一层内是否具有近似的碳储量变化和相同的计量参数。碳层划分包括"基线碳层划分"和"项目碳层划分"。

"基线碳层划分"的目的是针对不同的基线碳层、确定基线情景和估计基线碳汇量。不同类型和结构的森林，其基线情景下的碳储量变化不同。因此，项目参与方须根据现有林分的类型（如低郁闭度林、过密林、低质低产林等）和优势树种、郁闭度、经营措施等来划分基线碳层。

"项目碳层划分"包括事前项目碳层划分和事后项目碳层划分。事前项目碳层用于项目碳汇量的事前计量，主要是在基线碳层的基础上，根据拟实施的森林经营措施来划分。事后项目碳层用于项目碳汇量的事后监测，主要基于发生在各基线碳层上的森林经营管理活动的实际情况。如果发生自然或人为干扰（如火灾、间伐或主伐）或其他原因（如土壤类型）导致项目的异质性增加，在每次监测和核查时的事后分层调整时均须考虑这些因素的影响。项目参与方可使用项目开始时和发生干扰时的卫星影像进行对比，确定事前和事后项目分层。

5.6　基线碳汇量

基线碳汇量是在没有拟议项目活动的情况下，项目边界内所有碳库中碳储量的变化量之和。本方法学主要考虑基线林木生物量、枯死木、枯落物和木质林产品碳库的碳储量变化量，不考虑基线土壤有机质碳库、林下灌木等的碳储量变化量。基于保守性原则，也不考虑基线情景下火灾引起的生物质燃烧造成的温室气体排放。计算方法如下：

$$\Delta C_{BSL,t} = \Delta C_{TREE\_BSL,t} + \Delta C_{DW\_BSL,t} + \Delta C_{LI\_BSL,t} + \Delta C_{HWP\_BSL,t} \qquad 公式（1）$$

式中：

$\Delta C_{BSL,t}$	第 t 年时的基线碳汇量，$tCO_2e \cdot a^{-1}$
$\Delta C_{TREE\_BSL,t}$	第 t 年时，项目边界内基线林木生物质碳储量变化量，$tCO_2e \cdot a^{-1}$
$\Delta C_{DW\_BSL,t}$	第 t 年时，项目边界内基线枯死木生物质碳储量变化量，$tCO_2e \cdot a^{-1}$
$\Delta C_{LI\_BSL,t}$	第 t 年时，项目边界内基线枯落物生物质碳储量变化量，$tCO_2e \cdot a^{-1}$
$\Delta C_{HWP\_BSL,t}$	第 t 年时，项目边界内基线情景下生产的木产品碳储量变化量，$tCO_2e \cdot a^{-1}$

5.6.1　基线林木生物质碳储量的变化

基线情景下各碳层林木生物质碳储量的变化采用"碳储量变化法"进行估算。对于项目开始后第 t 年时的基线林木生物质碳储量变化量，通过估算其前后两次监测或核查时间（t_1 和 t_2，且 $t_1 \leqslant t \leqslant t_2$）时的基线林木生物质碳储量，再计算两次监测或核查间隔期（$T = t_2 - t_1$）内的碳储量年均变化量来获得：

$$\Delta C_{TREE\_BSL,t} = \sum_{i=1} \frac{C_{TREE\_BSL,i,t_2} - C_{TREE\_BSL,i,t_1}}{t_2 - t_1} \qquad 公式（2）$$

式中：

$\Delta C_{TREE\_BSL,t}$	第 t 年时，项目边界内基线林木生物质碳储量变化量，$tCO_2e \cdot a^{-1}$
$C_{TREE\_BSL,i,t}$	第 t 年时，项目边界内基线第 i 碳层林木生物质的碳储量，tCO_2e
t_1，t_2	两次监测或核查时间（t_1 和 t_2）
t	项目开始后的年数，$t_1 \leqslant t \leqslant t_2$，年（a）
i	1，2，3……基线第 i 碳层

林木生物质碳储量是利用林木生物量含碳率将林木生物量转化为碳含量，再利用 CO_2 与 C 的分子量比（$\frac{44}{12}$）将碳含量（tC）转换为二氧化碳当量（tCO_2e）：

$$C_{TREE\_BSL,i,t} = \frac{44}{12} * \sum_{j=1} (B_{TREE\_BSL,i,j,t} * CF_j) \qquad 公式（3）$$

式中：

$C_{TREE\_BSL,i,t}$	第 t 年时，项目边界内基线第 i 碳层林木生物质的碳储量，tCO_2e
$B_{TREE\_BSL,i,j,t}$	第 t 年时，项目边界内基线第 i 碳层树种 j 的林木生物量，t
CF_j	树种 j 的生物量含碳率，$tC \cdot t^{-1}$

i	1，2，3……基线第 i 碳层
j	1，2，3……基线第 i 碳层的树种 j
$\dfrac{44}{12}$	CO_2 与 C 的分子量比，无量纲
t	项目开始以后的年数，a

项目参与方可以根据下列方法的优先顺序，采用其中方法之一来估算基线第 i 碳层树种 j 的生物量（$B_{TREE\_BSL,i,j,t}$）：

方法 I：生物量方程法

预测基线情景下，计入期内不同年份（t）各碳层各树种的林分平均胸径（DBH）和平均树高（H），利用生物量方程法计算林木生物量：

$$B_{TREE\_BSL,i,j,t} =$$
$$f_{AB,j}(DBH_{TREE\_BSL,\ i,j,t}, H_{TREE\_BSL,\ i,j,t}) * (1 + R_j) * N_{TREE\_BSL,i,j,t} * A_{TREE\_BSL,i}$$

公式（4）

式中：

$B_{TREE\_BSL,i,j,t}$	第 t 年时，项目边界内基线第 i 碳层树种 j 的林木生物量，t
$f_{AB,j}(DBH, H)$	树种 j 的林木地上生物量与胸径和树高的相关方程，t·株$^{-1}$
$DBH_{TREE\_BSL,i,j,t}$	第 t 年时，项目边界内基线第 i 碳层树种 j 的平均胸径，cm
$H_{TREE\_BSL,i,j,t}$	第 t 年时，项目边界内基线第 i 碳层树种 j 的平均树高，m
R_j	树种 j 的林木地下生物量/地上生物量之比，无量纲
$N_{TREE\_BSL,i,j,t}$	第 t 年时，项目边界内基线第 i 碳层树种 j 的平均每公顷株数，株·hm^2
$A_{TREE\_BSL,i}$	项目边界内基线第 i 碳层的面积，hm^2
i	1，2，3……基线第 i 碳层

j 1,2,3……基线第 i 碳层的树种 j

t 项目开始以后的年数，a

    如果有树种 j 的总生物量方程，即地下和地上单株总生物量与胸径、树高的相关方程，则公式（4）可以改写为：

$$B_{TREE\_BSL,i,j,t} = f_{B,j}(DBH_{TREE\_BSL,\,i,j,t}, H_{TREE\_BSL,\,i,j,t}) * N_{TREE\_BSL,i,j,t} * A_{TREE\_BSL,i}$$

公式（5）

式中：

$f_{B,j}(DBH, H)$ 树种 j 的林木全株生物量与胸径和树高的相关方程，t·株$^{-1}$

    方法 Ⅱ：蓄积—生物量相关方程法

    预测基线情景下，计入期内不同年份（t）各碳层的林分平均单位面积蓄积量（V），利用蓄积量—生物量相关方程法计算林木生物量：

$$B_{TREE\_BSL,i,j,t} = f_{AB,j}(V_{TREE\_BSL,i,j,t}) * (1 + R_j) * A_{TREE\_BSL,i} \qquad 公式（6）$$

式中：

$B_{TREE\_BSL,i,j,t}$ 第 t 年时，项目边界内基线第 i 碳层树种 j 的林木生物量，t

$f_{AB,j}(V)$ 树种 j 的林分平均单位面积地上生物量（$B_{AB,j}$）与林分平均单位面积蓄积量（V_j）之间的相关方程，通常可以采用幂函数 $B_{AB,j} = a \cdot V_j^b$，其中 a、b 为参数，t·hm^{-2}

$V_{TREE\_BSL,i,j,t}$ 第 t 年时，项目边界内基线第 i 碳层树种 j 的林分平均蓄积量 m^3·hm^{-2}

R_j 树种 j 的林木地下生物量/地上生物量，无量纲

$A_{TREE\_BSL,i}$ 项目边界内基线第 i 碳层的面积，hm^2

i 1,2,3……基线碳层

j 1,2,3……基线碳层的树种 j

t 项目开始以后的年数，a

方法Ⅲ：材积法

如果没有合适的生物量方程，也可以通过国家[①]或地方的立木材积表或材积公式，根据平均胸径、或平均树高与平均胸径转化为平均单株材积，并计算出单位面积蓄积量（$V_{TREE\_BSL,i,j,t}$），再采用方法Ⅱ的公式（6）估算基线林木生物量。

$$V_{TREE\_BSL,i,j,t} = f_{V,j}(DBH_{TREE\_BSL,i,j,t}, H_{TREE\_BSL,i,j,t}) * N_{TREE\_BSL,i,j,t} \qquad 公式（7）$$

式中：

$V_{TREE\_BSL,i,j,t}$	第 t 年时，项目边界内基线第 i 碳层树种 j 的林分平均蓄积量 $m^3 \cdot hm^{-2}$
$f_{V,j}(DBH，H)$	树种 j 的林木单株材积与胸径、树高的相关方程，或可通过树高、胸径查材积表获得，$m^3 \cdot 株^{-1}$
$H_{TREE\_BSL,i,j,t}$	第 t 年时，项目边界内基线第 i 碳层树种 j 的平均树高，m
$DBH_{TREE\_BSL,i,j,t}$	第 t 年时，项目边界内基线第 i 碳层树种 j 的平均胸径，cm
$N_{TREE\_BSL,i,j,t}$	第 t 年时，项目边界内基线第 i 碳层树种 j 的平均每公顷株数，株·hm^{-2}
i	1，2，3……基线碳层
j	1，2，3……基线碳层的树种 j
t	项目开始以后的年数，a

方法Ⅳ：缺省值法

根据各碳层单位面积蓄积量年均生长量的缺省值，计算方法Ⅰ的基线林分平均单位面积蓄积量（$V_{TREE\_BSL,i,j,t}$），然后采用方法Ⅱ的公式（6）计算生物质碳储量的变化：

$$V_{TREE\_BSL,i,j,t} = V_{TREE\_BSL,i,j,t=0} + t * \Delta V_{TREE\_BSL,i,j} - V_{TREE\_BSL\_H,i,j,t} \qquad 公式（8）$$

式中：

---

① 中华人民共和国农林部．1978．立木材积表．北京：技术标准出版社

$V_{TREE\_BSL,i,j,t}$	第 t 年时，项目边界内基线第 i 碳层树种 j 的平均单位面积蓄积量，$m^3 \cdot hm^{-2}$
$V_{TREE\_BSL,i,j,t=0}$	项目开始（$t=0$）时，项目边界内基线第 i 碳层树种 j 的平均单位面积蓄积量，$m^3 \cdot hm^{-2}$
$\Delta V_{TREE\_BSL,i,j}$	基线第 i 碳层树种 j 的林分平均单位面积蓄积生长量，$m^3 \cdot hm^{-2} \cdot a^{-1}$
$V_{TREE\_BSL\_H,i,j,t}$	自项目开始至第 t 年时，项目边界内基线第 i 碳层树种 j 的林分年均采伐蓄积量，$m^3 \cdot hm^{-2}$
i	1，2，3……基线碳层
j	1，2，3……基线碳层的树种 j
t	项目开始以后的年数，a

当基线林分达到过熟林时，或生长量等于枯损量时，如果无采伐，则基线林木生物质碳储量变化趋于零，即 $\Delta C_{TREE\_BSL,t} = 0$。为此，项目参与方须对计入期内基线林分到达到过熟林的时间进行评估。该评估须基于透明的可核实的信息资料，如按当地森林资源调查或林业规划设计调查中的龄组划分标准中的过熟林年龄，或文献的数据，或对项目区的调查测定，或与项目区具有类似基线状况的数据。如果没有任何数据可用，可从附件 2 中选择缺省值。

5.6.2 基线枯死木碳储量的变化

基线情景下各碳层枯死木碳储量的变化采用"碳储量变化法"结合"缺省值法"进行估算：

$$\Delta C_{DW\_BSL,t} = \sum_{i=1} \frac{C_{DW\_BSL,i,t_2} - C_{DW\_BSL,i,t_1}}{t_2 - t_1} \qquad 公式(9)$$

式中：

$\Delta C_{DW\_BSL,t}$	第 t 年时，项目边界内基线枯死木碳储量变化量，$tCO_2e \cdot a^{-1}$
$C_{DW\_BSL,i,t}$	第 t 年时，项目边界内基线第 i 碳层枯死木的碳储量，tCO_2e

t_1，t_2	两次监测或核查时间 t_1 和 t_2
t	项目开始后的年数，$t_1 \leqslant t \leqslant t_2$，年（a）
i	1，2，3……基线碳层

基线枯死木碳储量（$C_{DW\_BSL,i,t}$）采用缺省值法进行估算：

$$C_{DW\_BSL,i,t} = C_{TREE\_BSL,i,t} * DF_{DW} \qquad 公式（10）$$

式中：

$C_{DW\_BSL,i,t}$	第 t 年时，项目边界内基线第 i 碳层的枯死木碳储量，tCO_2e
$C_{TREE\_BSL,i,t}$	第 t 年时，项目边界内基线第 i 碳层的林木生物质碳储量，tCO_2e
DF_{DW}	林分枯死木碳储量占林木生物质碳储量的比例，无量纲

5.6.3　基线枯落物碳储量的变化

基线情景下各碳层枯落物碳储量的变化采用"碳储量变化法"结合"缺省值法"进行估算：

$$\Delta C_{LI\_BSL,t} = \sum_{i=1} \frac{C_{LI\_BSL,i,t_2} - C_{LI\_BSL,i,t_1}}{t_2 - t_1} \qquad 公式（11）$$

式中：

$\Delta C_{LI\_BSL,t}$	第 t 年时，项目边界内基线枯落物碳储量变化量，$tCO_2e \cdot a^{-1}$
$C_{LI\_BSL,i,t}$	第 t 年时，项目边界内基线第 i 碳层的枯落物碳储量，tCO_2e
t_1，t_2	两次监测或核查时间 t_1 和 t_2
t	项目开始后的年数，$t_1 \leqslant t \leqslant t_2$，年（a）
i	1，2，3……基线碳层

基线枯落物碳储量($C_{LI\_BSL,i,t}$)可以采用以下方法进行估算：

$$C_{LI\_BSL,i,t} = \sum_{j=1} [f_{LI,j}(B_{TREE\_AB,j}) * B_{TREE\_BSL\_AB,i,j,t} * CF_{LI,j}] * A_i * \frac{44}{12} \quad 公式(12)$$

式中：

$C_{LI\_BSL,i,t}$	第 t 年时，项目边界内基线第 i 碳层的枯落物碳储量，tCO_2e
$f_{LI,j}(B_{TREE\_AB,j})$	树种(组)j 的林分单位面积枯落物生物量占林分单位面积地上生物量的百分比(%)与林分单位面积地上生物量($t \cdot hm^{-2}$)的相关关系,%
$B_{TREE\_BSL\_AB,i,j,t}$	第 t 年时，项目边界内基线第 i 碳层树种 j 的林分平均单位面积地上生物量，$t \cdot hm^{-2}$
$CF_{LI,j}$	项目边界内基线第 i 碳层树种 j 枯落物的含碳率，$tC \cdot t^{-1}$
A_i	项目边界内基线第 i 碳层的面积，hm^2
i	1，2，3……基线碳层
j	1，2，3……基线碳层的树种 j
t	项目开始以后的年数，a
$\frac{44}{12}$	CO_2 与 C 的分子量之比，无量纲

5.6.4 基线木产品碳储量的变化

本方法学假定木产品碳储量的长期变化，等于木产品在项目期末或产品生产后 30 年(以时间较后者为准)仍在使用或进入垃圾填埋场的木产品中的碳，而其他部分则在生产木产品时立即排放。计算公式如下：

$$\Delta C_{HWP\_BSL,t} = \sum_{ty=1} \sum_{j=1} [(C_{STEM\_BSL,j,t} * TOR_{ty,j}) * (1 - WW_{ty}) * OF_{ty}] \quad 公式(13)$$

$$C_{STEM\_BSL,j,t} = V_{TREE\_BSL\_H,j,t} * WD_j * CF_j * \frac{44}{12} \quad 公式(14)$$

$$OF_{ty} = e^{(-\ln(2) * WT/LT_{ty})} \quad 公式(15)$$

式中：

$\Delta C_{HWP\_BSL,t}$	第 t 年时，基线木产品碳储量变化量，$tCO_2e \cdot a^{-1}$
$C_{STEM\_BSL,j,t}$	第 t 年时，基线情景下采伐的树种 j 的树干生物质碳储量。如果采伐利用的是整株树木（包括干、枝、叶等），则为地上部生物质碳储量（$C_{AB\_BSL,j,t}$），采用 5.6.1 中的方法 I 进行计算，tCO_2e
$V_{TREE\_BSL\_H,j,t}$	第 t 年时，基线情景下树种 j 的采伐量，m^3
WD_j	树种 j 的木材密度，$t \cdot m^{-3}$
CF_j	树种 j 的生物量含碳率，$tC \cdot t^{-1}$
$TOR_{ty,j}$	采伐树种 j 用于生产加工 ty 类木产品的出材率，无量纲
WW_{ty}	加工 ty 类木产品产生的木材废料比例，无量纲
OF_{ty}	根据 IPCC 一阶指数衰减函数确定的、ty 类木产品在项目期末或产品生产后 30 年（以时间较后者为准）仍在使用或进入垃圾填埋场的比例，无量纲
WT	木产品生产到项目期末的时间，或选择 30 年（以时间较长为准），年（a）
LT_{ty}	ty 类产品的使用寿命，年（a）
ty	木产品的种类
t	1，2，3……项目开始以后的年数，年（a）
j	1，2，3……基线碳层的树种
$\dfrac{44}{12}$	CO_2 与 C 的分子量之比，无量纲

5.7　项目碳汇量

　　项目碳汇量等于项目边界内所选碳库的碳储量年变化量减去项目边界内温室气体排放量的增加量。基于保守性原则，本方法学对于项目边界内碳库的选择只考虑林木生物量、枯落物、枯死木和木产品碳库中碳储量的年变化量，不考虑土壤有机碳的变化。根据方法学适用条件，项目活动无潜在泄漏，也不考虑。

$$\Delta C_{ACTUAL,t} = \Delta C_{P,t} - GHG_{E,t} \qquad\qquad 公式(16)$$

式中：

$\Delta C_{ACTUAL,t}$ 第 t 年时的项目碳汇量，$tCO_2e \cdot a^{-1}$

$\Delta C_{P,t}$ 第 t 年时，项目边界内所选碳库的碳储量变化量，$tCO_2e \cdot a^{-1}$

$GHG_{E,t}$ 第 t 年时，项目活动引起的温室气体排放增加量，$tCO_2e \cdot a^{-1}$

t 1，2，3……项目开始以后的年数，年（a）

项目边界内所选碳库的碳储量年变化量计算方法如下：

$$\Delta C_{P,t} = \Delta C_{TREE\_PROJ,t} + \Delta C_{DW\_PROJ,t} + \Delta C_{LI\_PROJ,t} + \Delta C_{HWP\_PROJ,t} \qquad 公式(17)$$

式中：

$\Delta C_{P,t}$ 第 t 年时，项目边界内所选碳库的碳储量变化量，$tCO_2e \cdot a^{-1}$

$\Delta C_{TREE\_PROJ,t}$ 第 t 年时，项目情景下林木生物质碳储量变化量，$tCO_2e \cdot a^{-1}$

$\Delta C_{DW\_PROJ,t}$ 第 t 年时，项目情景下枯死木碳储量变化量，$tCO_2e \cdot a^{-1}$

$\Delta C_{LI\_PROJ,t}$ 第 t 年时，项目情景下枯落物碳储量的年变化量，$tCO_2e \cdot a^{-1}$

$\Delta C_{HWP\_PROJ,t}$ 第 t 年时，项目情景下收获木产品碳储量的年变化量，$tCO_2e \cdot a^{-1}$

t 1，2，3……项目开始以后的年数，年（a）

5.7.1 项目林木生物质碳储量的变化

项目情景下林木生物质碳储量的变化，应针对不同的项目碳层分别进行计算：

$$\Delta C_{TREE\_PROJ,t} = \sum_i \left(\frac{C_{TREE\_PROJ,i,t_2} - C_{TREE\_PROJ,i,t_1}}{t_2 - t_1} \right) \qquad \text{公式(18)}$$

式中：

$\Delta C_{TREE\_PROJ,t}$	第 t 年时，项目情景下林木生物质碳储量变化量，$tCO_2e \cdot a^{-1}$
$C_{TREE\_PROJ,i,t}$	第 t 年时，项目第 i 碳层的林木生物质碳储量，tCO_2e
$t_1,\ t_2$	两次监测或核查时间 t_1 和 t_2
t	项目开始后的年数，$t_1 \leq t \leq t_2$，年(a)
i	1，2，3……项目碳层

对于项目事前估计，林木生物质碳储量($C_{TREE\_PROJ,i,t}$)可采用如下方法进行计算：

$$C_{TREE\_PROJ,i,t} = \sum_{j=1} [f_{AB,j}(V_{TREE\_PROJ,i,j,t}) * (1 + R_j) * CF_j] * A_{i,t} * \frac{44}{12} \quad \text{公式(19)}$$

式中：

$C_{TREE\_PROJ,i,t}$	第 t 年时，项目第 i 碳层的林木生物质碳储量，tCO_2e
$V_{TREE\_PROJ,i,j,t}$	第 t 年时，项目第 i 碳层 j 树种的单位面积蓄积量，$m^3 \cdot hm^{-2}$
$f_{AB,j}(V)$	树种 j 单位面积地上生物量与单位面积蓄积量之间的相关方程，$t \cdot hm^{-2}$
R_j	树种 j 地下生物量/地上生物量，无量纲
CF_j	树种 j 的生物量含碳率；$tC \cdot t^{-1}$
$A_{i,t}$	第 t 年时，项目第 i 碳层的面积，hm^2
$\frac{44}{12}$	CO_2 与 C 的分子量之比，无量纲

对于项目事后估计，采用第6.3部分的方法进行计算。

5.7.2 项目枯死木碳储量的变化

$$\Delta C_{DW\_PROJ,t} = \sum_{i=1} \frac{C_{DW\_PROJ,i,t_2} - C_{DW\_PROJ,i,t_1}}{t_2 - t_1} \qquad \text{公式}(20)$$

式中：

$\Delta C_{DW\_PROJ,t}$ 　　第 t 年时，项目情景下枯死木碳储量变化量，$tCO_2e \cdot a^{-1}$

$C_{DW\_PROJ,i,t}$ 　　第 t 年时，项目第 i 碳层的枯死木碳储量，tCO_2e

t_1 , t_2 　　两次监测或核查时间 t_1 和 t_2

t 　　项目开始后的年数，$t_1 \leqslant t \leqslant t_2$，年（a）

i 　　1，2，3……项目碳层

对于项目事前估计，项目枯死木碳储量 $C_{DW\_PROJ,i,t}$ 采用如下方法计算：

$$C_{DW\_PROJ,i,t} = C_{TREE\_PROJ,i,t} * DF_{DW} \qquad \text{公式}(21)$$

式中：

$C_{DW\_PROJ,i,t}$ 　　第 t 年时，项目第 i 碳层的枯死木碳储量，tCO_2e

$C_{TREE\_PROJ,i,t}$ 　　第 t 年时，项目第 i 碳层的林木生物质碳储量，tCO_2e

DF_{DW} 　　林分枯死木碳储量占林木生物质碳储量的比例，无量纲

对于项目事后估计，项目参与方可采用第6.4部分的监测方法估计，也可直接采用上式方法进行估算。

如果为改善林分卫生状况，在项目情景下移除林分（如病虫危害林、冰雪灾害林）中的枯死木，则针对移除年份 t^*（$t_1 \leqslant t^*$），$C_{DW\_PROJ,i,t^*} = 0$；对于移除枯死木之后的年份 $t(t^* < t \leqslant t_2)$，则：

$$\Delta C_{DW\_PROJ,i,t} = \Delta C_{TREE\_PROJ,i,t} * DF_{DW} \qquad \text{公式}(22)$$

式中：

$\Delta C_{DW\_PROJ,t}$ 　　第 t 年时，项目情景下第 i 层枯死木碳储量变化量，$tCO_2e \cdot a^{-1}$

$\Delta C_{TREE\_PROJ,t}$ 　　第 t 年时，项目情景下第 i 层林木生物质碳储量变化量，$tCO_2e \cdot a^{-1}$

DF_{DW}	林分枯死木碳储量占林木生物质碳储量的比例，无量纲
t	项目开始后的年数，$t^* \leqslant t \leqslant t_2$，年（a）
i	1，2，3……项目碳层

5.7.3 项目枯落物碳储量的变化

$$\Delta C_{LI\_PROJ,t} = \sum_{i=1} \frac{C_{LI\_PROJ,i,t_2} - C_{LI\_PROJ,i,t_1}}{t_2 - t_1} \qquad 公式（23）$$

式中：

$\Delta C_{LI\_PROJ,t}$	第 t 年时，项目情景下枯落物碳储量变化量，$tCO_2e \cdot a^{-1}$
$C_{LI\_PROJ,i,t}$	第 t 年时，项目第 i 碳层的枯落物碳储量，tCO_2e
$t_1，t_2$	两次监测或核查时间 t_1 和 t_2
t	项目开始后的年数，$t_1 \leqslant t \leqslant t_2$，年（a）
i	1，2，3……项目碳层

对于项目事前和事后估计，项目枯落物碳储量（$C_{LI\_PROJ,i,t}$）都可以采用下列方法进行估算：

$$C_{LI\_PROJ,i,t} = \sum_{j=1} [f_{LI,j}(B_{TREE\_AB,j}) * B_{TREE\_PROJ\_AB,i,j,t} * CF_{LI,j}] * A_i * \frac{44}{12}$$

$$公式（24）$$

式中：

$C_{LI\_PROJ,i,t}$	第 t 年时，项目第 i 碳层的枯落物碳储量，tCO_2e
$f_{LI,j}(B_{TREE\_AB,j})$	树种 j 的林分单位面积枯落物生物量占林分单位面积地上生物量的百分比（%）与林分单位面积地上生物量（$t \cdot hm^{-2}$）的相关方程，%
$B_{TREE\_PROJ\_AB,i,j,t}$	第 t 年时，项目第 i 碳层树种 j 的林分平均单位面积地上生物量，采用公式（19）中的 $f_{AB,j}(V)$ 计算获得，$t \cdot hm^{-2}$

$CF_{LI,j}$	树种 j 的枯落物含碳率，$tC \cdot t^{-1}$
A_i	项目第 i 碳层的面积，hm^2
i	1，2，3……项目碳层
j	1，2，3……项目碳层的树种 j
t	项目开始以后的年数，年（a）
$\dfrac{44}{12}$	CO_2 与 C 的分子量之比，无量纲

如果为改善林分卫生状况，在项目情景下移除林分（如病虫危害林、冰雪灾害林）中的枯落物，则针对移除年份 t^*（$t_1 \leqslant t^*$），$C_{LI\_PROJ,i,t^*} = 0$；对于移除枯落物之后的年份 t（$t^* < t \leqslant t_2$），则：

$$\Delta C_{LI\_PROJ,i,t} = \sum_{j=1} [f_{LI,j}(B_{TREE\_AB,j}) * \Delta B_{TREE\_PROJ\_AB,i,j,t} * CF_{LI,j}] * A_i * \frac{44}{12}$$

公式（25）

$$\Delta B_{TREE\_PROJ\_AB,i,j,t} = f_{AB,j}\left(\frac{V_{TREE\_PROJ,i,j,t_2} - V_{TREE\_PROJ,i,j,t_1}}{t_2 - t_1}\right)$$

公式（26）

式中：

$\Delta C_{LI\_PROJ,t}$	第 t 年时，项目情景下第 i 层枯落物碳储量变化量，$tCO_2e \cdot a^{-1}$
$f_{LI,j}(B_{TREE\_AB,j})$	树种 j 的林分单位面积枯落物生物量占林分单位面积地上生物量的百分比（%）与林分单位面积地上生物量（$t \cdot hm^{-2}$）的相关方程，%
$\Delta B_{TREE\_PROJ\_AB,i,j,t}$	第 t 年时，项目第 i 碳层树种 j 的林分平均单位面积地上生物量年变化量，$t \cdot hm^{-2} \cdot a^{-1}$
$f_{AB,j}(V)$	树种 j 单位面积地上生物量与单位面积蓄积量之间的相关方程，$t \cdot hm^{-2}$
$V_{TREE\_PROJ,i,j,t}$	第 t 年时，项目第 i 碳层树种 j 的林分单位面积蓄积量，$m^3 \cdot hm^{-2}$

$CF_{LI,j}$	树种 j 的枯落物含碳率，$tC \cdot t^{-1}$
A_i	项目第 i 碳层的面积，hm^2
i	1，2，3……项目碳层
j	1，2，3……项目碳层的树种
t_1，t_2	两次监测或核查时间 t_1 和 t_2
t	项目开始以后的年数，$t_1 \leqslant t \leqslant t_2$，年（a）
$\dfrac{44}{12}$	CO_2 与 C 的分子量之比，无量纲

5.7.4　项目木产品碳储量的变化

如果项目情景下有采伐情况发生，则项目木产品碳储量的长期变化，等于在项目期末或产品生产后30年（以时间较后者为准）仍在使用或进入垃圾填埋场的木产品中的碳，而其他部分则假定在生产木产品时立即排放。对于事前和事后估计，项目木产品碳储量的变化均采用以下方法进行估算：

$$\Delta C_{HWP\_PROJ,t} = \sum_{ty=1} \sum_{j=1} [(C_{STEM\_PROJ,j,t} * TOR_{ty,j}) * (1 - WW_{ty}) * OF_{ty}]$$

公式（27）

$$C_{STEM\_PROJ,j,t} = V_{TREE\_PROJ\_H,j,t} * WD_j * CF_j * \frac{44}{12}$$

公式（28）

式中：

$\Delta C_{HWP\_PROJ,t}$	第 t 年时，项目木产品碳储量变化量，$tCO_2e \cdot a^{-1}$
$C_{STEM\_PROJ,j,t}$	第 t 年时，项目采伐的树种 j 的树干生物质碳储量。如果采伐利用的是整株树木（包括干、枝、叶等），则为地上生物质碳储量（$C_{AB\_PROJ,j,t}$），采用5.6.1中的方法 I 进行计算，tCO_2e
$V_{TREE\_PROJ\_H,j,t}$	第 t 年时，项目采伐的树种 j 的蓄积量，m^3
WD_j	树种 j 的基本木材密度，$t \cdot m^{-3}$
CF_j	树种 j 的生物量含碳率，$tC \cdot t^{-1}$

$TOR_{ty,j}$	采伐树种 j 用于生产加工 ty 类木产品的出材率，无量纲
WW_{ty}	加工 ty 类木产品产生的木材废料比例，无量纲
OF_{ty}	根据 IPCC 一阶指数衰减函数确定的、ty 类木产品在项目期末或产品生产后 30 年（以时间较后者为准）仍在使用或进入垃圾填埋场的比例，按公式（15）进行计算，无量纲
WT	木产品生产到项目期末的时间，或选择 30 年（以时间较长为准），年（a）
LT_{ty}	ty 类产品的使用寿命，年（a）
ty	木产品的种类
t	1，2，3……项目开始以后的年数，年（a）
j	1，2，3……基线碳层的树种
$\dfrac{44}{12}$	CO_2 与 C 的分子量之比，无量纲

5.7.5　项目边界内温室气体排放的估计

　　根据本方法学的适用条件，项目活动不涉及全面清林和炼山等有控制火烧，因此本方法学主要考虑项目边界内森林火灾引起生物质燃烧造成的温室气体排放。

　　对于项目事前估计，由于通常无法预测项目边界内的火灾发生情况，因此可以不考虑森林火灾造成的项目边界内温室气体排放，即 $GHG_{E,t}=0$。

　　对于项目事后估计，项目边界内温室气体排放的估算方法如下：

$$GHG_{E,t} = GHG_{FF\_TREE,t} + GHG_{FF\_DOM,t} \qquad 公式（29）$$

式中：

$GHG_{E,t}$	第 t 年时，项目边界内温室气体排放的增加量，$tCO_2e \cdot a^{-1}$
$GHG_{FF\_TREE,t}$	第 t 年时，项目边界内由于森林火灾引起林木地上生物质燃烧造成的非 CO_2 温室气体排放的增加量，$tCO_2e \cdot a^{-1}$

$GHG_{FF\_DOM,t}$	第 t 年时，项目边界内由于森林火灾引起死有机物燃烧造成的非 CO_2 温室气体排放的增加量，$tCO_2e \cdot a^{-1}$
t	1，2，3……项目开始以后的年数，年(a)

　　森林火灾引起林木地上生物质燃烧造成的非 CO_2 温室气体排放，使用最近一次项目核查时(t_L)的分层、各碳层林木地上生物量数据和燃烧因子进行计算。第一次核查时，无论自然或人为原因引起森林火灾造成林木燃烧，其非 CO_2 温室气体排放量都假定为0。

$$GHG_{FF\_TREE,t} = 0.001 * \sum_{i=1} [A_{BURN,i,t} * b_{TREE,i,t_L} * COMF_i * (EF_{CH_4} * GWP_{CH_4} + EF_{N_2O} * GWP_{N_2O})]$$

公式(30)

式中：

$GHG_{FF\_TREE,t}$	第 t 年时，项目边界内由于森林火灾引起林木地上生物质燃烧造成的非 CO_2 温室气体排放的增加量，$tCO_2e \cdot a^{-1}$
$A_{BURN,t}$	第 t 年时，项目第 i 层发生燃烧的土地面积，hm^2
b_{TREE,i,t_L}	火灾发生前，项目最近一次核查时(第 t_L 年)第 i 层的林木地上生物量，采用第5.7.1节中林木地上生物量与蓄积量的相关方程 $f_{AB,j}(V)$ 计算获得。如果只是发生地表火，即林木地上生物量未被燃烧，则 $B_{TREE,i,t}$ 设定为0，$t \cdot hm^{-2}$
$COMF_i$	项目第 i 层的燃烧指数(针对每个植被类型)，无量纲
EF_{CH_4}	CH_4 排放指数，$g\ CH_4 \cdot kg^{-1}$
EF_{N_2O}	N_2O 排放指数，$g\ N_2O \cdot kg^{-1}$
GWP_{CH_4}	CH_4 的全球增温潜势，用于将 CH_4 转换成 CO_2 当量，缺省值为25

GWP_{N_2O} N_2O 的全球增温潜势，用于将 N_2O 转换成 CO_2 当量，缺省值为298

i 1，2，3……项目碳层，根据第 t_L 年核查时的分层确定

t 1，2，3……项目开始以后的年数，年（a）

0.001   将 kg 转换成 t 的常数

    森林火灾引起死有机物质燃烧造成的非 CO_2 温室气体排放，应使用最近一次核查（t_L）的死有机质碳储量来计算。第一次核查时由于火灾导致死有机质燃烧引起的非 CO_2 温室气体排放量设定为 0，之后核查时的非 CO_2 温室气体排放量计算如下：

$$GHG_{FF\_DOM,t} = 0.07 * \sum_{i=1} [A_{BURN,i,t} * (C_{DW,i,t_L} + C_{LI,i,t_L})] \qquad 公式（31）$$

式中：

$GHG_{FF\_DOM,t}$ 第 t 年时，项目边界内由于森林火灾引起死有机物燃烧造成的非 CO_2 温室气体排放的增加量，$tCO_2e \cdot a^{-1}$

$A_{BURN,t}$ 第 t 年时，项目第 i 层发生燃烧的土地面积，hm^2

C_{DW,i,t_L} 火灾发生前，项目最近一次核查时（第 t_L 年）第 i 层的枯死木单位面积碳储量，使用第 5.7.2 节的方法计算，$tCO_2e \cdot hm^{-2}$

C_{LI,i,t_L} 火灾发生前，项目最近一次核查时（第 t_L 年）第 i 层的枯落物单位面积碳储量，使用第 5.7.3 节的方法计算，$tCO_2e \cdot hm^{-2}$

i 1，2，3……项目碳层，根据第 t_L 年核查时的分层确定

t 1，2，3……项目开始以后的年数，年（a）

0.07   IPCC 缺省常数，指非 CO_2 排放量占碳储量的比例

5.8　泄漏

根据本方法学的适用条件，不考虑农业活动的转移、燃油工具的化石燃料燃烧、施用肥料导致的温室气体排放等，采用本方法学的森林经营碳汇项目活动无潜在泄漏，视为 0。

5.9　项目减排量

森林经营碳汇项目活动的减排量（即人为净温室气体汇清除）等于项目碳汇量减去基线碳汇量，再减去泄漏量，即：

$$\Delta C_{NET,t} = \Delta C_{ACTUAL,t} - \Delta C_{BSL,t} - LK_t \qquad \text{公式（32）}$$

式中：

$\Delta C_{NET,t}$	第 t 年时的项目减排量，$tCO_2e \cdot a^{-1}$
$\Delta C_{ACTURAL,t}$	第 t 年时的项目碳汇量，$tCO_2e \cdot a^{-1}$
$\Delta C_{BSL,t}$	第 t 年时的基线碳汇量，$tCO_2e \cdot a^{-1}$
LK_t	第 t 年时的泄漏量，视为 0，$tCO_2e \cdot a^{-1}$
t	1，2，3……项目开始以后的年数，年（a）

6　监测程序

除非在监测数据/参数表中另有要求，本方法学涉及的所有数据，包括所使用的工具中所要求的监测项，均须按相关标准进行全面的监测和测定。监测过程中收集的所有数据都须以电子版和纸质方式存档，直到计入期结束后至少两年。

首次监测在项目开始前进行，首次核查与审定同时进行，项目开始后每次监测和核查的间隔时间应在 3～10 年内选择。

6.1　项目实施的监测

6.1.1　基线碳汇量的监测

基线碳汇量在项目事前进行确定。一旦项目被审定和注册，在项目计入期内就是有效的。项目参与方可选择在计入期内不再对其进行监测。如果项目活动开始日期早于向国家气候变化主管部门提交备案的日期，则可以选择固定基线碳汇量，且不进行监测。

项目参与方也可以通过建立基线监测样地，对基线碳汇量进行监测。基线碳汇量的监测应基于基线碳层，采取分层抽样的方法进行。项目参与方应提供透明的和可核实的信息，证明基线监测样地能合理地代表项目的基线状况（如在项目开始时，基线样地中各碳库中的碳储量与项目监测样地相同，即在90%可靠性水平下，误差不超过10%）；同时证明基线监测样地的森林经营措施与确定的基线情景相同。基线监测样地数量的确定、样地布设方法、碳储量变化的测定和计算方法、精度要求和校正等，应与项目情景下的监测相同，详见第6.2.2～6.5节。

6.1.2　项目边界的监测

（1）采用全球定位系统（GPS）、北斗卫星导航系统（Compass）或其他卫星导航系统，进行单点定位或差分技术直接测定项目地块边界的拐点坐标。也可利用高分辨率的地理空间数据（如卫星影像、航片），在地理信息系统（GIS）辅助下直接读取项目地块的边界坐标。在监测报告中说明使用的坐标系，使用仪器设备的精度；

（2）检查实际边界坐标是否与项目设计文件中描述的边界一致；

（3）如果实际边界位于项目设计文件描述的边界之外，位于项目设计文件确定的边界外的部分将不计入项目边界中；

（4）将测定的拐点坐标或项目边界输入地理信息系统，计算项目地块及各碳层的面积；

（5）在计入期内须对项目边界进行定期监测，如果项目边界发生任何变化，例如发生毁林，应测定毁林的地理坐标和面积，并在下次核查中予以说明。毁林部分地块将调出项目边界之外，并在之后不再监测，也不能再重新纳入项目边界内。但是，如果在调出项目边界之前，对这些地块进行过核查，其前期经核查的碳储量应保持不变，并纳入碳储量变化的计算中。

6.1.3　项目活动的监测

主要监测项目所采取的森林经营活动：

（1）采（间）伐和补植：时间、地点（边界）、面积、树种和强度；

（2）如果采取人工更新，检查并确保皆伐后的迹地得以立即更新造林；

（3）如果采取萌芽或天然更新，检查并确保良好的更新条件；

（4）其他森林经营：施肥、除灌、灌溉等的地点（边界）、面积、措施（如果有）。

项目参与方须在项目设计文件中详细描述，项目所采取的森林经营活动及其监测，符合中国森林经营相关的技术标准的要求和森林资源清查的技术规范。项目参与方在监测活动中须制定标准操作程序（SOP）及质量保证和质量控制程序（QA/QC），包括野外数据的采集、数据记录、管理和存档。最好是采用国家森林资源清查或所在省、直辖市、自治区林业规划设计调查中的标准操作程序。

6.2　抽样设计与碳层划分

6.2.1　碳层更新

在项目执行过程中，可能由于下述原因的存在，需要在每次监测时对项目事前或上一次监测时划分的碳层进行更新：

（1）计入期内可能发生无法预计的干扰（如林火、病虫害），从而增加碳层内的变异性；

（2）森林经营活动（如间伐、主伐、萌芽或人工更新）影响了项目碳层内的均一性；

（3）发生土地利用变化（项目地转化为其他土地利用方式）；

（4）过去的监测发现层内碳储量及其变化存在变异性。可将变异性太大的碳层细分为两个或多个碳层；将变异性相近的两个或多个碳层合并为一个碳层；

（5）某些项目事前或上一次监测时划分的碳层可能不复存在。

6.2.2　抽样设计

项目参与方须基于固定样地的连续测定方法，采用碳储量变化法，测定和估计相关碳库中碳储量的变化。在各项目碳层内，样地的空间分配采用随机起点、系统布点的布设方案。首次监测（生物量和枯死木）在项目开始前进行，首次核查与审定同时进行。项目开始后的监测和核查的间隔期为 3～10 年。

本方法学仅要求对林分生物量和枯死木生物量的监测精度进行控制，要求达到 90% 可靠性水平下 90% 的精度要求。如果测定的精度低于该值，项目参与方可通过增加样地数量，从而使测定结果达到精度要求，也可以选择打折的方法（详见 6.5）。

项目监测所需的样地数量，可以采用如下方法进行计算：

（1）根据公式（33）计算。如果得到 $n \geq 30$，则最终的样地数即为 n 值；如果 $n < 30$，则需要采用自由度为 $n-1$ 时的 t 值，运用公式（33）进行第二次迭代计算，得到的 n 值即为最终的样地数；

$$n = \frac{N * t_{VAL}^2 * \left(\sum_i w_i * s_i\right)^2}{N * E^2 + t_{VAL}^2 * \sum_i w_i * s_i^2} \qquad \text{公式（33）}$$

式中：

n	项目边界内估算生物质碳储量所需的监测样地数量，无量纲
N	项目边界内监测样地的抽样总体，$N = A/A_p$，其中 A 是项目总面积（hm^2），A_p 是样地面积（一般为 0.0667hm^2），无量纲
t_{VAL}	可靠性指标。在一定的可靠性水平下，自由度为无穷（∞）时查 t 分布双侧 t 分位数表的 t 值，无量纲
w_i	项目边界内第 i 碳层的面积权重，$w_i = A_i/A$，其中 A 是项目总面积（hm^2），A_i 是第 i 碳层的面积（hm^2），无量纲
s_i	项目边界内第 i 碳层生物质碳储量估计值的标准差，$\text{tC} \cdot \text{hm}^{-2}$
E	项目生物质碳储量估计值允许的误差范围（即绝对误差限），$\text{tC} \cdot \text{hm}^{-2}$
i	1，2，3……项目碳层

（2）当抽样面积较大时（抽样面积大于项目面积的 5%），按公式（33）进行计算获得样地数 n 之后，按公式（34）对 n 值进行调整，从而确定最终的样地数（n_a）：

$$n_a = n * \frac{1}{1 + n/N} \qquad \text{公式（34）}$$

式中：

	调整后项目边界内估算生物质碳储量所需的监测样地数量，无量纲
n_a	
n	项目边界内估算生物质碳储量所需的监测样地数量，无量纲
N	项目边界内监测样地的抽样总体，无量纲

（3）当抽样面积较小时（抽样面积小于项目面积的5%），可以采用简化公式（35）计算：

$$n = \left(\frac{t_{VAL}}{E} \right)^2 * \left(\sum_i w_i * s_i \right)^2 \qquad \text{公式（35）}$$

式中：

n	项目边界内估算生物质碳储量所需的监测样地数量，无量纲
t_{VAL}	可靠性指标。在一定的可靠性水平下，自由度为无穷（∞）时查 t 分布双侧 t 分位数表的 t 值，无量纲
w_i	项目边界内第 i 碳层的面积权重，无量纲
s_i	项目边界内第 i 碳层生物质碳储量估计值的标准差，tC · hm^{-2}
E	项目生物质碳储量估计值允许的误差范围（即绝对误差限），tC · hm^{-2}
i	1，2，3……项目碳层

（4）分配到各层的监测样地数量，采用最优分配法按公式（36）进行计算：

$$n_i = n * \frac{w_i * s_i}{\sum_i w_i * s_i} \qquad \text{公式（36）}$$

式中：

n_i	项目边界内第 i 碳层估算生物质碳储量所需的监测样地数量，无量纲

n	项目边界内估算生物质碳储量所需的监测样地数量，无量纲
w_i	项目边界内第 i 碳层的面积权重，无量纲
s_i	项目边界内第 i 碳层生物质碳储量估计值的标准差，tC $\cdot$ hm^{-2}
i	1，2，3······项目碳层

6.3 林分生物质碳储量变化的测定

第一步：测定样地内所有活立木的胸径（DBH）和（或）树高（H）。

第二步：利用生物量方程 $f_{AB,j}(DBH, H)$ 计算每株林木地上生物量，通过地下生物量／地上生物量之比例关系（R_j）计算整株林木生物量，再累积到样地水平生物量和碳储量。如果没有可用的生物量方程，可通过一元或二元材积公式 $f_{V,j}(DBH, H)$ 计算单株材积，再计算样地水平单位面积蓄积，利用地上生物量与每公顷蓄积量之间的相关方程 $f_{B,j}(V)$ 和地下生物量／地上生物量之比例关系，计算样地水平生物量和碳储量（参见第 5.7.1 节）。

第三步：计算项目各碳层的平均单位面积碳储量及其方差：

$$C_{TREE,i,t} = \frac{\sum_{p=1}^{n_i} C_{TREE,p,i,t}}{n_i \times A_p} \qquad \text{公式（37）}$$

$$S^2_{C_{TREE,i,t}} = \frac{\sum_{p=1}^{n_i} (C_{TREE,p,i,t} - C_{TREE,i,t})^2}{n_i \times (n_i - 1)} \qquad \text{公式（38）}$$

式中：

$C_{TREE,i,t}$	第 t 年时，项目边界内第 i 碳层林分单位面积生物质碳储量，tCO$_2$e $\cdot$ hm^{-2}
$C_{TREE,p,i,t}$	第 t 年时，项目边界内第 i 碳层 p 样地林分单位面积生物质碳储量，tCO$_2$e $\cdot$ hm^{-2}
n_i	项目边界内第 i 碳层的监测样地数量，无量纲

$S^2_{C_{TREE,i,t}}$　　　　第 t 年时，项目边界内第 i 碳层林分单位面积生物质碳储量的方差，$tCO_2e \cdot hm^{-2}$

A_p　　　　样地面积，hm^2

i　　　　1，2，3……项目碳层 i，无量纲

p　　　　1，2，3……项目边界内第 i 碳层 p 样地，无量纲

t　　　　1，2，3……项目开始以来的年数，年（a）

第四步：计算项目边界内单位面积林分生物质碳储量及其方差：

$$C_{TREE,t} = \sum_{i=1} w_i * C_{TREE,i,t} \qquad\qquad 公式（39）$$

$$S^2_{C_{TREE,t}} = \sum_{i=1} w_i^2 * S^2_{C_{TREE,i,t}} \qquad\qquad 公式（40）$$

式中：

$C_{TREE,t}$　　　　第 t 年时，项目林分单位面积生物质碳储量，$tCO_2e \cdot hm^{-2}$

w_i　　　　项目第 i 碳层的面积权重，无量纲

$C_{TREE,i,t}$　　　　第 t 年时，项目边界内第 i 碳层林分单位面积生物质碳储量，$tCO_2e \cdot hm^{-2}$

$S^2_{C_{TREE,t}}$　　　　第 t 年时，项目林分单位面积生物质碳储量的方差；

n_i　　　　项目边界内第 i 碳层的监测样地数量，无量纲

$S^2_{C_{TREE,i,t}}$　　　　第 t 年时，项目边界内第 i 碳层林分单位面积生物质碳储量的方差

i　　　　1，2，3……项目碳层，无量纲

t　　　　1，2，3……项目开始以来的年数，年（a）

第五步：计算项目边界内林分生物质碳储量及其不确定性（相对误差限）：

$$C_{TREE\_PROJ,t} = A * C_{TREE,t} \qquad\qquad 公式（41）$$

$$UNC_{TREE,t} = \frac{t_{VAL} * S_{C_{TREE,t}}}{C_{TREE,t}}$$ 公式(42)

式中：

$C_{TREE\_PROJ,t}$　　第 t 年时，项目边界内林分生物质碳储量，tCO_2e

A　　项目总面积，hm^2

$C_{TREE,t}$　　第 t 年时，项目林分单位面积生物质碳储量，tCO_2e $\cdot hm^{-2}$

$UNC_{TREE,t}$　　第 t 年时，以抽样调查的相对误差限(%)表示的项目单位面积林分生物质碳储量的不确定性,%

$S_{C_{TREE,t}}$　　第 t 年时，项目林分单位面积生物质碳储量的方差的平方根，$tCO_2e \cdot hm^{-2}$

t_{VAL}　　可靠性指标：通过危险率(1 – 置信度)和自由度(N – M)查 t 分布的双侧分位数表，其中 N 为项目样地总数，M 为项目碳层数量；例如：置信度90%，自由度为45时的可靠性指标可在 excel 中用" = TINV(0.10，45)"① 计算得到1.6794

t　　1，2，3……项目开始以来的年数，年(a)

6.4　枯死木碳储量变化的测定

估计枯死木碳储量所采用的碳层和样地，应与估算活立木生物量的碳层和样地相同。但是如果能够提供透明的、可核实的证据，项目参与方也可采用不同的分层来估计枯死木碳储量。

项目参与方可采用5.7.2节所述的事前估计方法进行估计，也可采用下述方法进行实测估计。实测时应按枯立木和枯倒木分别进行测定和计算。对于连根拨起的倒木，应按枯立木来计算。

---

① 在 EXCEL 2010 中采用了 T. INV( )，而不是 TINV( )。

6.4.1 枯立木碳储量的测定

枯立木碳储量的估算，根据枯立木的类型分为如下两个部分：

$$C_{DWS,p,i,t} = C_{DWS\_TREE,p,i,t} + C_{DWS\_STUMP,p,i,t} \qquad 公式（43）$$

式中：

$C_{DWS,p,i,t}$ 第 t 年时，项目第 i 碳层 p 样地枯立木的碳储量，tCO_2e

$C_{DWS\_TREE,p,i,t}$ 第 t 年时，项目第 i 碳层 p 样地死亡木的碳储量，tCO_2e

$C_{DWS\_STUMP,p,i,t}$ 第 t 年时，项目第 i 碳层 p 样地枯立树桩的碳储量，tCO_2e

其中，死亡木是指：（a）仅损失了叶和小枝的枯立木；（b）损失了叶、小枝和细枝的枯立木。对于上述两类枯立木，首先测定每株枯立木的胸径和高度，并采用 5.7.1 节估算活立木碳储量的方法计算每株的碳储量，再采用折扣因子方法，基于相应的活立木碳储量估算每株枯死木碳储量，并累加到样地水平的枯立木碳储量（$C_{DWS\_TREE,p,i,t}$）。

（a）仅损失了叶和小枝的枯立木：枯死木碳储量为整株活立木碳储量乘以折扣因子0.975；

（b）损失了叶、小枝和细枝的枯立木：枯死木碳储量为整株活立木碳储量乘以折扣因子0.80。

对于不符合上述两类的枯立木或枯立树桩，可以采用下述方法获得样地水平的枯立树桩碳储量（$C_{DWS\_STUMP,p,i,t}$）。采用弯刀测试法[①]，将枯立树桩分为三个密度级，即（i）未腐木；（ii）半腐木；（iii）腐木。对每一个密度级赋与一个密度折扣系数（β），用该折扣系数乘以基本木材密度，得到枯立树桩的密度。

如果枯立树桩高度低于 4 米，测定每个树桩的中间点直径（D_{MID_STUMP}）；如果枯立树桩高度等于或大于 4 米，则测定每个树桩的胸高直径。当树桩高度超过 4 米时，其中间点的直径采用下式计算：

$$D_{MID\_STUMP} = 0.57 * DBH_{STUMP} * \left(\frac{H_{STUMP}}{H_{STUMP} - 1.3} \right)^{0.80} \qquad 公式（44）$$

---

① 用弯刀敲击枯倒木，如果刀刃反弹回来，即为未腐木；如果刀刃进入少许，则为半腐木；如果枯倒木裂开则为腐木。

式中：

D_{MID_STUMP} 枯立树桩中间点的直径，cm

DBH_{STUMP} 枯立树桩的胸高(1.3m)直径，cm

H_{STUMP} 枯立树桩的高度，m

1.3   测定 DBH 的高度，m

枯立树桩碳储量计算方法如下：

$$C_{DWS\_STUMP,p,i,t} = \frac{44}{12} * \sum_{j=1} \left[CF_j * WD_j * (1 + R_j) * \frac{\pi}{40000} * \sum_{k=1} \left(D_{MID\_STUMP,j,k}^2 * H_{STUMP,j,k} * \beta_{j,k} \right) \right]$$

公式(45)

式中：

$C_{DWS\_STUMP,p,i,t}$ 第 t 年时，项目第 i 碳层 p 样地的枯立树桩碳储量，tCO_2e

CF_j 树种 j 的生物量含碳率，$tC \cdot t^{-1}$

WD_j 树种 j 的基本木材密度，$t \cdot m^{-3}$

R_j 树种 j 的地下生物量/地上生物量，无量纲

$D_{MID\_STUMP,j,k}$ 第 t 年时，项目第 i 碳层 p 样地树种 j 第 k 个枯立树桩的中间点直径，cm

$H_{STUMP,j,k}$ 第 t 年时，项目第 i 碳层 p 样地树种 j 第 k 个枯立树桩的高度，m

$\beta_{j,k}$ 第 t 年时，项目第 i 碳层 p 样地树种 j 第 k 个枯立树桩对应的密度折扣系数。除非项目参与方有更详细的数据，否则采用下列密度折扣因子的缺省值：（i）未腐木 = 1.00；（ii）半腐木 = 0.80；（iii）腐木 = 0.45，无量纲

6.4.2 枯倒木碳储量的测定

枯倒木碳储量采用样线方法来进行测定和估计。在样地中设置两条样

线，总长度不小于 100 米①，使之在样地中心呈垂直交叉，测定与样线交叉的所有枯倒木(≥ 5 cm)的直径。

将枯倒木按腐烂程度分成三个密度级，按 6.4.1 的方法赋于每个密度级一个折扣因子。p 样地的枯倒木碳储量为：

$$C_{DWL,p,i,t} = \frac{44}{12} * \sum_{j=1} CF_j * WD_j * \frac{\pi^2}{80000L} * \sum_{k=1} D_{j,k}^2 * \beta_{j,k} \qquad 公式(46)$$

式中：

$C_{DWL,p,i,t}$	第 t 年时，项目第 i 碳层 p 样地单位面积枯倒木的碳储量，tCO_2e
CF_j	树种 j 的生物量含碳率，$tC \cdot t^{-1}$
WD_j	树种 j 的基本木材密度，$t \cdot m^{-3}$
L	样线总长度，m
$D_{j,k}$	与样线交叉的树种 j 第 k 棵枯倒木的直径，cm
$\beta_{j,k}$	与样线交叉的树种 j 第 k 棵枯倒木的密度折扣系数，参照 6.4.1 节，无量纲

6.4.3　枯死木碳储量的计算

基于 6.4.1 ~ 6.4.2 的计算结果，项目第 i 碳层单位面积枯死木的碳储量及其方差的计算方法如下：

$$C_{DW,i,t} = \frac{\sum_{p=1}^{n_i}(C_{DWS,p,i,t} + C_{DWL,p,i,t})}{n_i} = \frac{\sum_{p=1}^{n_i} C_{DWS,p,i,t}}{n_i} \qquad 公式(47)$$

$$s_{DW,i,t}^2 = \frac{\sum_{p=1}^{n_i}(C_{DW,p,i,t} - C_{DW,i,t})^2}{n_i * (n_i - 1)} \qquad 公式(48)$$

式中：

$C_{DW,i,t}$	第 t 年时，项目边界内第 i 碳层单位面积枯死木碳储量，$tCO_2e \cdot hm^{-2}$

---

① 如果样地内不可能设置总长达 100 米的样线。但是，平行的样线之间的间距至少应为 20 米。

$C_{DWS,p,i,t}$	第 t 年时，项目边界内第 i 碳层 p 样地单位面积枯立木碳储（用样地面积折算出每公顷的数据）量，$tCO_2e \cdot hm^{-2}$
$C_{DWL,p,i,t}$	第 t 年时，项目边界内第 i 碳层 p 样地单位面积枯倒木碳储量，$(tCO_2e \cdot hm)^{-2}$
n_i	项目边界内第 i 碳层的监测样地数量，无量纲
$s_{DW,i,t}^2$	第 t 年时，项目边界内第 i 碳层单位面积枯死木碳储量的方差，$tCO_2e \cdot hm^{-2}$
A_p	样地面积，hm^2
i	1，2，3……项目碳层 i，无量纲
p	1，2，3……项目边界内第 i 碳层 p 样地，无量纲
t	1，2，3……项目开始以来的年数，年（a）

项目边界内单位面积枯死木的碳储量及其方差的计算方法如下：

$$C_{DW,t} = \sum_{i=1} w_i * C_{DW,i,t} \qquad 公式(49)$$

$$S_{C_{DW,t}}^2 = \sum_{i=1} w_i^2 * s_{C_{DW,i,t}}^2 \qquad 公式(50)$$

式中：

$C_{DW,t}$	第 t 年时，项目边界内单位面积枯死木碳储量，$tCO_2e \cdot hm^{-2}$
w_i	项目第 i 碳层的面积权重，无量纲
$C_{DW,i,t}$	第 t 年时，项目边界内第 i 碳层单位面积枯死木碳储量，$tCO_2e \cdot hm^{-2}$
$S_{C_{DW,t}}^2$	第 t 年时，项目边界内单位面积枯死木碳储量的方差
n_i	项目边界内第 i 碳层的监测样地数量，无量纲
$s_{C_{DW,i,t}}^2$	第 t 年时，项目边界内第 i 碳层单位面积枯死木碳储量的方差
i	1，2，3……项目碳层 i，无量纲

t　　　　　　　　1，2，3……项目开始以来的年数，年（a）

项目边界内枯死木碳储量及其不确定性（相对误差限）的计算方法如下：

$$C_{DW\_PROJ,t} = A * C_{DW,t}$$　　　　公式（51）

$$UNC_{DW,t} = \frac{t_{VAL} * S_{C_{DW,t}}}{C_{DW,t}}$$　　　　公式（52）

式中：

$C_{DW\_PROJ,t}$　　　第 t 年时，项目边界内枯死木碳储量，tCO_2e

A　　　　　　　项目总面积，hm^2

$C_{DW,t}$　　　　第 t 年时，项目边界内单位面积枯死木碳储量，tCO_2e $\cdot hm^{-2}$

$UNC_{DW,t}$　　　第 t 年时，以抽样调查的相对误差限（%）表示的项目边界内单位面积枯死木碳储量的不确定性，%

$S_{C_{DW,t}}$　　　第 t 年时，项目边界内单位面积枯死木碳储量的方差的平方根（标准误），$tCO_2e \cdot hm^{-2}$

t_{VAL}　　　　可靠性指标：通过危险率（1 – 置信度）和自由度（N – M）查 t 分布的双侧分位数表，其中 N 为项目样地总数，M 为项目碳层数量。例如：置信度90%，自由度为45时的可靠性指标可在 excel 中用" = TINV（0.10，45）"[①]计算得到1.6794

t　　　　　　1，2，3……项目开始以来的年数，年（a）

6.5　项目边界内的温室气体排放增加量的监测

根据监测计划，详细记录项目边界内每一次森林火灾（如果有）发生的时间、面积、地理边界等信息，参考第5.7.5节的方法，计算项目边界内由于森林火灾燃烧地上生物量所引起的温室气体排放（$GHG_{E,t}$）。

---

① 在 EXCEL 2010 中采用了 T. INV（），而不是 TINV（）。

6.6　精度控制和校正

本方法学只对生物量和枯死木的监测精度进行控制，要求达到90%可靠性水平下，90%的精度。如果测定的不确定性(相对误差限)大于10%，项目参与方可通过增加样地数量，从而使测定结果达到精度要求。项目参与方也可以选择下述打折的方法。

6.6.1　项目碳汇量监测的精度校正

$$\Delta C_{TREE\_PROJ,t_1,t_2} = (C_{TREE\_PROJ,t_2} - C_{TREE\_PROJ,t_1}) * (1 - DR) \qquad 公式(53)$$

$$\Delta C_{DW\_PROJ,t_1,t_2} = (C_{DW\_PROJ,t_2} - C_{DW\_PROJ,t_1}) * (1 - DR) \qquad 公式(54)$$

式中：

$\Delta C_{TREE\_PROJ,t_1,t_2}$	时间区间 $t_1 \sim t_2$ 内，项目林分生物质碳储量的总变化量，tCO_2e
$\Delta C_{DW\_PROJ,t_1,t_2}$	时间区间 $t_1 \sim t_2$ 内，项目枯死木碳储量的总变化量，tCO_2e
C_{TREE_PROJ,t_1}	第 t_1 年时，项目边界内的林分生物质碳储量，tCO_2e
C_{TREE_PROJ,t_2}	第 t_2 年时，项目边界内的林分生物质碳储量，tCO_2e
C_{DW_PROJ,t_1}	第 t_1 年时，项目边界内的枯死木碳储量，tCO_2e
C_{DW_PROJ,t_2}	第 t_2 年时，项目边界内的枯死木碳储量，tCO_2e
DR	基于监测结果不确定性的调减因子，如表3：

表3　项目碳汇量监测调减因子表

不确定性(%)	$DR(\%)$①	
	$C_{TREE\_PROJ,t_2} - C_{TREE\_PROJ,t_1} > 0$ $C_{DW\_PROJ,t_2} - C_{DW\_PROJ,t_1} > 0$	$C_{TREE\_PROJ,t_2} - C_{TREE\_PROJ,t_1} < 0$ $C_{DW\_PROJ,t_2} - C_{DW\_PROJ,t_1} < 0$
小于或等于10%	0%	0%
大于10%小于20%	6%	−6%
大于20%小于30%	11%	−11%
大于或等于30%	增加监测样地数量	

---

① 根据 AR-ACM0003 调整。

6.6.2　基线碳汇量监测的精度校正

$$\Delta C_{TREE\_BSL,t_1,t_2} = (C_{TREE\_BSL,t_2} - C_{TREE\_BSL,t_1}) * (1 + DR) \qquad 公式（55）$$

$$\Delta C_{DW\_BSL,t_1,t_2} = (C_{DW\_BSL,t_2} - C_{DW\_BSL,t_1}) * (1 + DR) \qquad 公式（56）$$

式中：

$\Delta C_{TREE\_BSL,t_1,t_2}$	时间区间 $t_1 \sim t_2$ 内，基线林分生物质碳储量的总变化量，tCO_2e
$\Delta C_{DW\_BSL,t_1,t_2}$	时间区间 $t_1 \sim t_2$ 内，基线枯死木碳储量的总变化量，tCO_2e
C_{TREE_BSL,t_1}	第 t_1 年时，基线林分生物质碳储量，tCO_2e
C_{TREE_BSL,t_2}	第 t_2 年时，基线林分生物质碳储量，tCO_2e
C_{DW_BSL,t_1}	第 t_1 年时，基线林分枯死木碳储量，tCO_2e
C_{DW_BSL,t_2}	第 t_2 年时，基线林分枯死木碳储量，tCO_2e
DR	基于监测结果不确定性的调减因子，如表4：

表4　基线碳汇量监测调减因子表

不确定性(%)	DR(%)	
	$C_{TREE\_BSL,t_2} - C_{TREE\_BSL,t_1} > 0$ $C_{DW\_BSL,t_2} - C_{DW\_BSL,t_1} > 0$	$C_{TREE\_BSL,t_2} - C_{TREE\_BSL,t_1} < 0$ $C_{DW\_BSL,t_2} - C_{DW\_BSL,t_1} < 0$
小于或等于10%	0%	0%
大于10% 小于20%	6%	−6%
大于20% 小于30%	11%	−11%
大于或等于30%	增加监测样地数量	

6.7　不需监测的数据和参数

不需要监测的参数，包括那些可以使用缺省值、或只需要一次性测定即可确定的参数和数据。

数据/参数	CF_j
单位	$tC \cdot t^{-1}$
应用的公式编号	公式(3)，公式(19)
描述	树种 j 的林木生物量含碳率
数据源	数据源优先选择次序为： (a)现有的、当地的基于树种或树种组的数据； (b)省级的基于树种或树种组的数据（如省级温室气体清单）； (c)从下表中选择缺省值：

树种(组)	CF_j	树种(组)	CF_j
桉树	0.525	泡桐	0.470
柏木	0.510	其它杉类	0.510
檫木	0.485	其它松类	0.511
池杉	0.503	软阔类	0.485
赤松	0.515	杉木	0.520
椴树	0.439	湿地松	0.511
枫香	0.497	水胡黄	0.497
高山松	0.501	水杉	0.501
国外松	0.511	思茅松	0.522
黑松	0.515	铁杉	0.502
红松	0.511	桐类	0.470
华山松	0.523	相思	0.485
桦木	0.491	杨树	0.496
火炬松	0.511	硬阔类	0.497
阔叶混	0.490	油杉	0.500
冷杉	0.500	油松	0.521
栎类	0.500	榆树	0.497
楝树	0.485	云南松	0.511
柳杉	0.524	云杉	0.521
柳树	0.485	杂木	0.483
落叶松	0.521	樟树	0.492
马尾松	0.460	樟子松	0.522
木荷	0.497	针阔混	0.498
木麻黄	0.498	针叶混	0.510
楠木	0.503	紫杉	0.510

数据来源：《中国第二次国家信息通报》土地利用变化与林业温室气体清单。

测定步骤(如果有)	不适用
说明	

数据/参数	$f_{AB,j}(V)$
单位	$t \cdot hm^{-2}$
应用的公式编号	公式(6)，公式(19)
描述	树种 j 的林分平均单位面积地上生物量(B_{AB})与林分平均单位面积蓄积量(V)之间的相关方程。

数据源	数据源优先选择次序为： (a)现有的、当地的或相似生态条件下的基于树种或树种组的数据； (b)省级的基于树种的数据（如森林资源清查或国家温室气体清单编制中的数据）； (c)采用下列缺省方程($B_{AB} = a \cdot V^b$)计算：

	树种	参数 a	参数 b
	云杉、冷杉	4.165749	0.653489
	落叶松	1.641699	0.801589
	红松	2.783807	0.695848
	樟子松	2.844362	0.677522
	油松	2.632238	0.696978
	华山松	4.573398	0.583726
	马尾松	1.827539	0.792975
	湿地松	2.053735	0.772233
	其他松(包括思茅松、云南松、台湾松、赤松、黑松、高山松、长白松、火炬松等)	2.403794	0.723530
	柏木	1.985272	0.794173
	杉木	2.536998	0.674639
	其他杉(水杉、柳杉、红杉、油杉、池杉)	2.694643	0.665671
	栎类	1.340549	0.896018
	桦木	1.075562	0.902351
	枫香、荷木、水曲柳、胡桃楸、黄菠萝	2.685404	0.741345
	樟树、楠木	4.292969	0.613426
	其他硬阔类	3.322268	0.687013
	杨树	0.942576	0.871034
	桉树	1.221362	0.869172
	相思	2.969276	0.706251
	木麻黄	6.932459	0.595017
	其他软阔类(椴树、檫木、柳树、泡桐、楝树等)	1.142254	0.876051

数据来源：根据中国森林生物量数据库整理

测定步骤(如果有)	不适用
说明	应用于基线情景时，公式(6)，$V = V_{TREE\_BSL,i,j,t}$；应用于项目情景时，公式(19)，$V = V_{TREE\_PROJ,i,j,t}$。

数据/参数	R_j
单位	无量纲
应用的公式编号	公式（4），公式（6），公式（19）
描述	树种 j 的林木地下生物量/地上生物量之比
数据源	数据源优先选择次序为： （a）现有的、当地的或相似生态条件下的基于树种或树种组的数据； （b）省级基于树种或树种组的数据（如省级温室气体清单编制中的数据）； （c）从下表中选择缺省值：

树种（组）	R_j	树种（组）	R_j
桉树	0.221	泡桐	0.247
柏木	0.220	其它杉类	0.277
檫木	0.270	其它松类	0.206
池杉	0.435	软阔类	0.289
赤松	0.236	杉木	0.246
椴树	0.201	湿地松	0.264
枫香	0.398	水胡黄	0.221
高山松	0.235	水杉	0.319
国外松	0.206	思茅松	0.145
黑松	0.280	铁杉	0.277
红松	0.221	桐类	0.269
华山松	0.170	相思	0.207
桦木	0.248	杨树	0.227
火炬松	0.206	硬阔类	0.261
阔叶混	0.262	油杉	0.277
冷杉	0.174	油松	0.251
栎类	0.292	榆树	0.621
楝树	0.289	云南松	0.146
柳杉	0.267	云杉	0.224
柳树	0.288	杂木	0.289
落叶松	0.212	樟树	0.275
马尾松	0.187	樟子松	0.241
木荷	0.258	针阔混	0.248
木麻黄	0.213	针叶混	0.267
楠木	0.264	紫杉	0.277

数据来源：《中国第二次国家信息通报》土地利用变化与林业温室气体清单。

测定步骤(如果有)	不适用
说明	萌芽林的地下生物量/地上生物量之比通常高于人工营造的林分，特别是在萌芽的最初 5 年，并随年龄的增加呈递减趋势。这种情况下进行碳计量时，采伐林木的地下生物质碳储量可不计为排放，而计为采伐前的量，并维持不变，直到重新植苗造林更新为止。

数据/参数	$f_{AB,j}(DBH, H)$
单位	t·株$^{-1}$
应用的公式编号	公式(4)
描述	树种j的林木地上生物量与胸径和树高的相关方程
数据源	数据源优先选择次序为： (a)现有的、当地的或相似生态条件下的基于树种或树种组的数据； (b)省级基于树种的数据（如国家森林资源连续清查、林业规划设计调查或省级温室气体清单编制中的数据）； (c)从附件3中选择。
测定步骤(如果有)	不适用
说明	所选用的方程须证明其适用性。可采用CDM造林再造林项目活动估算林木生物量所采用的生物量方程的适用性论证工具(V1.0.0，EB65)来进行论证。

数据/参数	$f_{B,j}(DBH, H)$
单位	t·株$^{-1}$
应用的公式编号	公式(5)
描述	树种j的林木总生物量方程(地上和地下单株总生物量与胸径和树高的相关方程)
数据源	数据源优先选择次序为： (a)现有的、当地的或相似生态条件下的基于树种或树种组的数据； (b)省级基于树种的数据（如国家森林资源连续清查、林业规划设计调查或省级温室气体清单编制中的数据）； (c)从附件3中选择。
测定步骤(如果有)	不适用
说明	所选用的方程须证明其适用性。可采用CDM造林再造林项目活动估算林木生物量所采用的生物量方程的适用性论证工具(V1.0.0，EB65)来进行论证。

数据/参数	$f_{V,j}(DBH, H)$
单位	m^3·株$^{-1}$
应用的公式编号	公式(7)
描述	树种j的林木单株蓄积量与胸径、树高的相关方程，或可通过树高、胸径查材积表获得
数据源	数据源优先选择次序为： (a)现有的、当地的或相似生态条件下的基于树种或树种组的数据； (b)省级基于树种的数据（如省级森林资源调查规划设计或省级温室气体清单编制中的数据）； (c)国家级基于树种的数据（如森林资源清查或国家温室气体清单编制中的数据）。 (d)中华人民共和国农林部．1978．立木材积表．北京：技术标准出版社。
测定步骤(如果有)	不适用
说明	

数据/参数	$\Delta V_{TREE\_BSL,j}$
单位	$m^3 \cdot hm^{-2} \cdot a^{-1}$
应用的公式编号	公式(8)
描述	基线第 i 碳层树种 j 的林分平均单位面积蓄积量年生长量
数据源	数据源优先选择次序为: (a)现有的、当地的或相似生态条件下的基于树种或树种组的数据; (b)采用下述缺省值: (i)如果基线林分符合国家或地方低效林标准,从下表中选择缺省值: <table><tr><td rowspan="2">龄级</td><td colspan="2">北方(淮河、秦岭以北)</td><td colspan="2">南方(淮河、秦岭以南)</td></tr><tr><td>速生</td><td>慢生</td><td>速生</td><td>慢生</td></tr><tr><td>幼龄林</td><td>2.0</td><td>1.0</td><td>3.0</td><td>1.5</td></tr><tr><td>中龄林</td><td>3.0</td><td>2.0</td><td>4.5</td><td>3.0</td></tr></table> 资料来源:中华人民共和国林业行业标准.低产用材林改造技术规程.LY/T 1560－1999,龄组划分标准见附件2。 (ii)否则,根据项目开始前林分年龄计算的单位面积年平均蓄积生长量作为缺省值。
测定步骤(如果有)	不适用
说明	对于非用材林,采用本表中的缺省值是保守的。

数据/参数	DF_{DW}
单位	%
应用的公式编号	公式(10),公式(21)
描述	林分枯死木碳储量占林木生物质碳储量的百分比(%)
数据源	数据源优先选择次序为: (a)现有的、当地的或相似生态条件下的基于树种或树种组的数据; (b)采用下述缺省值: <table><tr><td>区域</td><td>DF_{DW}</td></tr><tr><td>东北内蒙(辽宁、吉林、黑龙江和内蒙古东部)</td><td>3.51%</td></tr><tr><td>华北中原(北京、天津、河北、山西、山东、河南)</td><td>2.06%</td></tr><tr><td>西北(陕西、甘肃、青海、宁夏、新疆和内蒙中西部)</td><td>3.11%</td></tr><tr><td>华东华中华南(上海、江苏、浙江、安徽、福建、江西、湖北、湖南、广东、广西、海南)</td><td>2.25%</td></tr><tr><td>西南(重庆、四川、贵州、云南、西藏)</td><td>1.88%</td></tr></table> 数据来源:1994～1998和1999～2003两次国家森林资源清查林分蓄积与枯倒木蓄积。
测定步骤(如果有)	不适用
说明	对于过密的基线林分(超过合理密度的20%)的基线情景枯死木的估计,DF_{DW} 为上述缺省值的2倍。

数据/参数	$f_{LI,j}(B_{TREE\_AB,j})$
单位	%
应用的公式编号	公式(12)，公式(24)
描述	树种j的林分单位面积枯落物生物量占林分单位面积地上生物量的百分比($LI\%$)与林分单位面积地上生物量($t \cdot hm^{-2}$)的相关方程
数据源	数据源优先选择次序为： (a)现有的、当地的或相似生态条件下的基于树种或树种组的数据； (b)国家级基于树种的数据(如森林资源清查或国家温室气体清单编制中的数据)； (c)采用下列缺省方程($LI\% = a \cdot e^{b \cdot B_{TREE\_AB,j}}$)计算：

树种	参数 a	参数 b
云杉、冷杉	20.738491	−0.010164
落叶松	67.412962	−0.014074
油松	24.826509	−0.023362
马尾松	7.217506	−0.006710
其他松类(包括思茅松、云南松、台湾松、赤松、黑松、高山松、长白松、火炬松、红松、樟子松、华山松、湿地松等)	13.119797	−0.009026
柏木	3.759535	−0.004670
杉木和其他杉类	4.989672	−0.002545
栎类	7.732453	−0.004769
其他硬阔类(桦木、枫香、荷木、水胡黄、樟树、楠木等)	6.977898	−0.004312
杨树	12.310620	−0.006901
桉树	24.696643	−0.013687
相思	9.538834	−0.000408
其他软阔类(椴树、檫木、柳树、泡桐、楝树、木麻黄等)	8.128553	−0.004563

数据来源：根据中国森林生物量数据库整理

测定步骤(如果有)	不适用
说明	对于基线情景，$B_{TREE\_AB,j} = B_{TREE\_BSL\_AB,i,j,t}$，即第$t$年基线$i$碳层树种$j$的林分单位面积地上生物量；对于项目情景，$B_{TREE\_AB,j} = B_{TREE\_PROJ\_AB,i,j,t}$，即第$t$年项目$i$碳层树种$j$的林分单位面积地上生物量。

数据/参数	$CF_{LI,j}$
单位	$tC \cdot t^{-1}$
应用的公式编号	公式(12)，公式(24)
描述	树种j的枯落物含碳率

（续）

数据源	数据源优先选择次序为： (a)现有的、当地的或相似生态条件下的基于树种或树种组的数据； (b)国家级基于树种的数据（如森林资源清查或国家温室气体清单编制中的数据）； (d)可采用 IPCC 缺省值：0.37。
测定步骤(如果有)	不适用
说明	

数据/参数	$TOR_{ty,j}$
单位	无量纲
应用的公式编号	公式(13)，公式(27)
描述	采伐树种 j 用于生产加工 ty 类木产品的出材率
数据源	数据源优先选择次序为： (a)当地基于木产品种类、树种和采伐方式(间伐和主伐)森林资源采伐和管理数据； (b)国家级基于木产品种类、树种和采伐方式(间伐和主伐)森林资源采伐和管理数据。
测定步骤(如果有)	不适用
说明	如果采伐利用的是整株树木，包括干、枝和叶，则 $TOR_{ty,j}=1$。

数据/参数	WW_{ty}
单位	无量纲
应用的公式编号	公式(13)，公式(27)
描述	加工 ty 类木产品产生的木材废料比例。这部分废料中的碳在加工过程中视作是立即排放。
数据源	数据源优先选择次序为： (a)公开出版的适于当地条件和产品类型的文献数据； (b)国家级基于木产品的数据。 (c)缺省值20%。
测定步骤(如果有)	不适用
说明	

数据/参数	WD_j
单位	$t \cdot m^{-3}$
应用的公式编号	公式(14)，公式(28)
描述	树种 j 的基本木材密度
数据源	数据源优先选择次序为： (a)现有的、当地的或相似生态条件下的基于树种或树种组的数据； (b)省级分别树种或树种组的数据（如省级温室气体清单）； (c)从下表中选择缺省值：

树种(组)	WD_j	树种(组)	WD_j
桉树	0.578	泡桐	0.443
柏木	0.478	其它杉类	0.359
檫木	0.477	其它松类	0.424
池杉	0.359	软阔类	0.443
赤松	0.414	杉木	0.307
椴树	0.420	湿地松	0.424
枫香	0.598	水胡黄	0.464
高山松	0.413	水杉	0.278
国外松	0.424	思茅松	0.454
黑松	0.493	铁杉	0.442
红松	0.396	桐类	0.239
华山松	0.396	相思	0.443
桦木	0.541	杨树	0.378
火炬松	0.424	硬阔类	0.598
阔叶混	0.482	油杉	0.448
冷杉	0.366	油松	0.360
栎类	0.676	榆树	0.598
楝树	0.443	云南松	0.483
柳杉	0.294	云杉	0.342
柳树	0.443	杂木	0.515
落叶松	0.490	樟树	0.460
马尾松	0.380	樟子松	0.375
木荷	0.598	针阔混	0.486
木麻黄	0.443	针叶混	0.405
楠木	0.477	紫杉	0.359

数据来源：《中国第二次国家信息通报》土地利用变化与林业温室气体清单。

测定步骤(如果有)	不适用
说明	

数据/参数	LT_{ty}
单位	年
应用的公式编号	公式(15)
描述	ty 类木产品的使用寿命
数据源	数据源优先选择次序为： (a)公开出版的适于当地条件和产品类型的文献数据； (b)国家级基于木产品的数据； (c)如果没有上述数据，从下表选择缺省数据： **木产品类型** — LT_{ty} 建筑 — 50 家具 — 30 矿柱 — 15 车船 — 12 包装用材 — 8 纸和纸板 — 3 锯材 — 30 人造板 — 20 薪材 — 1 数据来源： a)IPCC LULUCF 优良做法指南； b)COP 17 关于《京都议定书》第二承诺期 LULUCF 的决议； c)白彦锋. 2010. 中国木质林产品碳储量. 中国林业科学研究院博士学位论文。
测定步骤(如果有)	不适用
说明	

数据/参数	$COMF_i$
单位	无量纲
应用的公式编号	公式(30)
描述	项目第 i 层的燃烧指数(针对每个植被类型)
数据源	数据来源的选择应遵循如下顺序： (a)项目实施区当地或相邻地区相似条件下的数据； (b)国家水平的适用于项目实施区的数据； (c)如下的默认值：

（续）

数据源	森林类型	林龄(年)	缺省值
	热带森林	3 ~ 5	0.46
		6 ~ 10	0.67
		11 ~ 17	0.50
		18 年以上	0.32
	北方森林	所有的	0.40
	温带森林	所有的	0.45
	数据来源：A/R CDM 项目活动生物质燃烧造成非 CO_2 温室气体排放增加的估算工具（V4.0.0，EB 65）。		

测定步骤(如果有)	不适用
说明	

数据/参数	EF_{CH_4}
单位	$gCH_4 \cdot kg^{-1}$
应用的公式编号	公式(30)
描述	CH_4 排放因子
数据源	数据来源的选择应遵循如下顺序： (a)项目实施区当地的调查数据；(b)相邻地区相似条件下的调查数据； (c)国家水平的适用于项目实施区的数据；(d)如下默认值：（ⅰ）热带森林：6.8； （ⅱ）其它森林：4.7。
测定步骤(如果有)	不适用
说明	

数据/参数	EF_{N_2O}
单位	$gN_2O \cdot kg^{-1}$
应用的公式编号	公式(30)
描述	N_2O 排放因子
数据源	数据来源的选择应遵循如下顺序： (a)项目实施区当地的调查数据； (b)相邻地区相似条件下的调查数据； (c)国家水平的适用于项目实施区的数据； (d)如下默认值 （ⅰ）热带森林：0.20； （ⅱ）其它森林：0.26。
测定步骤(如果有)	不适用
说明	

6.8 需要监测的数据和参数

项目参与方须对下表中所列参数进行监测。

数据/参数	A_i
单位	hm^2
应用的公式编号	公式(33)
描述	项目第 i 碳层的面积
数据源	野外测定
测定步骤	采用国家森林资源清查或林业规划设计调查使用的标准操作程序(SOP)。
监测频率	每 3～10 年一次
QA/QC 程序	采用国家森林资源清查或林业规划设计调查使用的质量保证和质量控制（QA/QC）程序。如果没有，可采用 IPCC GPG LULUCF 2003 中说明的 QA/QC 程序。
说明	

数据/参数	A_p
单位	hm^2
应用的公式编号	公式(33)
描述	样地的面积
数据源	野外测定
测定步骤	采用国家森林资源清查或林业规划设计调查使用的标准操作程序(SOP)。
监测频率	每 3～10 年一次
QA/QC 程序	采用国家森林资源清查或林业规划设计调查使用的质量保证和质量控制（QA/QC）程序。如果没有，可采用 IPCC GPG LULUCF 2003 中说明的 QA/QC 程序。
说明	样地位置应用 GPS 或 Compass 记录且在图上标出。

数据/参数	DBH
单位	cm
应用的公式编号	用于生物量方程（$f_{AB,j}(DBH,H)$、$f_{B,j}(DBH,H)$）和一元或二元材积公式（$f_{V,j}(DBH,H)$）
描述	林木或枯立木胸高直径
数据源	野外样地测定
测定步骤	采用国家森林资源清查或林业规划设计调查使用的标准操作程序(SOP)。
监测频率	每 3～10 年一次
QA/QC 程序	采用国家森林资源清查或林业规划设计调查使用的质量保证和质量控制（QA/QC）程序。如果没有，可采用 IPCC GPG LULUCF 2003 中说明的 QA/QC 程序。
说明	

数据/参数	H
单位	m
应用的公式编号	用于生物量方程($f_{AB,j}(DBH,H)$、$f_{B,j}(DBH,H)$)和一元或二元材积公式($f_{V,j}(DBH,H)$)
描述	林木或枯立木高度
数据源	野外样地测定
测定步骤	采用国家森林资源清查或林业规划设计调查使用的标准操作程序(SOP)。
监测频率	每 3 ~ 10 年一次
QA/QC 程序	采用国家森林资源清查或林业规划设计调查使用的质量保证和质量控制(QA/QC)程序。如果没有，可采用 IPCC GPG LULUCF 2003 中说明的 QA/QC 程序。
说明	

数据/参数	$DBH_{STUMP,j,k}$
单位	cm
应用的公式编号	公式(45)
描述	第 i 碳层 p 样地 j 树种第 k 个枯立树桩的胸高直径
数据源	野外样地测定
测定步骤	采用国家森林资源清查或林业规划设计调查使用的标准操作程序(SOP)。
监测频率	每 3 ~ 10 年一次
QA/QC 程序	采用国家森林资源清查或林业规划设计调查使用的质量保证和质量控制(QA/QC)程序。如果没有，可采用 IPCC GPG LULUCF 2003 中说明的 QA/QC 程序。
说明	

数据/参数	$H_{STUMP,j,k}$
单位	m
应用的公式编号	公式(45)
描述	项目第 i 碳层 p 样地 j 树种第 k 个枯立树桩的高度
数据源	野外样地测定
测定步骤	采用国家森林资源清查或林业规划设计调查使用的标准操作程序(SOP)。
监测频率	每 3 ~ 10 年一次
QA/QC 程序	采用国家森林资源清查或林业规划设计调查使用的质量保证和质量控制(QA/QC)程序。如果没有，可采用 IPCC GPG LULUCF 2003 中说明的 QA/QC 程序。
说明	

数据/参数	$D_{j,k}$
单位	cm
应用的公式编号	公式（46）
描述	与样线交叉的第 k 棵枯倒木的直径
数据源	野外测定
测定步骤	采用国家森林资源清查或林业规划设计调查使用的标准操作程序（SOP）。
监测频率	首次核查开始每 3 年～10 年一次
QA/QC 程序	采用国家森林资源清查或林业规划设计调查使用的质量保证和质量控制（QA/QC）程序。如果没有，可采用 IPCC GPG LULUCF 2003 中说明的 QA/QC 程序。
说明	

数据/参数	L
单位	m
应用的公式编号	公式（46）
描述	样线总长度
数据源	野外测定
测定步骤（如果有）	采用国家森林资源清查或林业规划设计调查使用的标准操作程序（SOP）。
频率	首次核查开始每 3 年～10 年一次
QA/QC 程序	采用国家森林资源清查或林业规划设计调查使用的质量保证和质量控制（QA/QC）程序。如果没有，可采用 IPCC GPG LULUCF 2003 中说明的 QA/QC 程序。
说明	

数据/参数	$V_{TREE\_PROJ\_H,j,t}$
单位	m³
应用的公式编号	公式（28）
描述	第 t 年时，项目采伐的树种 j 的蓄积量
数据源	每次采伐记录
测定步骤	采用国家森林资源清查或林业规划设计调查使用的标准操作程序（SOP）。
监测频率	每次采伐
QA/QC 程序	采用国家森林资源清查或林业规划设计调查使用的质量采用国家森林资源清查或森林资源规划设计调查使用的质量保证和质量控制（QA/QC）程序。如果没有，可采用 IPCC GPG LULUCF 2003 中说明的 QA/QC 程序。
说明	

数据/参数	ty
单位	无量纲
应用的公式编号	公式（13）、公式（15）、公式（27）
描述	采伐形成的木制品的种类
数据源	调查测定
测定步骤（如果有）	对于社区采伐，采用 PRA 的方法调查其采伐的林木的用途、销售去向，调查样本不少于所涉社区户数的 10%。同时跟踪调查所销售林木的用途和产品种类及其比例；对于企业为主的采伐，记录销售去向，并跟踪调查所销售林木的用途和产品种类及其比例。
频率	每年一次。
QA/QC 程序	
说明	

附件1　主要森林经营活动

根据项目所在区域和森林现状特征，为增加森林碳储量、提高森林生产力，项目参与方可以采用以下一种或几种森林经营方式开展项目活动：

补植补造：主要针对郁闭度在0.5以下、林分结构不合理、不具备天然更新下种条件或培育目的树种需要在林冠遮荫条件下才能正常生长发育的林分，根据林地目的树种林木分布现状，可分为均匀补植（现有林木分布比较均匀的林地）、块状补植（现有林木呈群团状分布、林中空地及林窗较多的林地）、林冠下补植（耐荫树种）等。补植密度按照经营目的、现有株数和该类林分所处年龄段的合理密度等确定，补植后密度应达该类林分合理密度的85%以上。

树种更替：主要针对没有适地适树造林、遭受病虫或冰雪等自然灾害林、经营不当的中幼林等所采取的林分优势树种（组）替换措施。可采用块状、带状皆伐或间伐方式，伐除不合理或病弱林木，并根据经营目的和适地适树的原则，及时更新适宜的树种。具体措施视林分情况而定。人工树种更替不适于下列区域的林分：

(1)生态重要等级为1级及生态脆弱性等级为1~2级的区域或地段；

(2)海拔1800米以上中、高山地区的林分；

(3)荒漠化、干热干旱河谷等自然条件恶劣地区及困难立地上的林分；

(4)其他因素可能导致林地逆向发展而不宜进行更替改造的林分。

林分抚育采伐：主要针对林分密度过大、低效纯林、未经营或经营不当林、存在有病死木等不健康林分，伐除部分林木，以调整林分密度、树种组成，改善森林生长条件。森林抚育方式包括：透光伐、疏伐、生长伐、卫生伐。透光伐在幼龄林进行，对人工纯林中主要伐除过密和质量低劣、无培育前途的林木。疏伐是在中龄林阶段进行，伐除生长过密和生长不良的林木，进一步调整树种组成与林分密度，加速保留木的生长。生长伐是在近熟林阶段进行，伐除无培育前途的林木，加速保留木的直径生长，促进森林单位面积碳储量的增加。卫生伐是在遭受病虫害、雪灾、森林火灾的林分中进行，伐除已被危害、丧失培育前途的林木，保持林分健康环境。

树种组成调整：针对需要调整林分树种（品种）的纯林或树种不适的林分，根据项目经营目标和立地条件确定调整的树种（或品种）。可采取抽针补阔、间针育阔、栽针保阔等方法调整林分树种。一次性调整的强度不宜超过林分蓄积的 25%。

复壮：采取施肥(土壤诊断缺肥)、平茬促萌(萌生能力较强的树种，受过度砍伐形成的低效林分)、防旱排涝(以干旱、湿涝为主要原因导致的低效林)、松土除杂(抚育管理不善，杂灌丛生，林地荒芜的幼龄林)等培育措施促进中幼龄林的生长。

综合措施：适用于低效纯林、树种不适林、病虫危害林及经营不当林，通过采取补植、封育、抚育、调整等多种方式和带状改造、育林择伐、林冠下更新、群团状改造等措施，提高林分质量。

附件2　中国主要树种(组)人工林龄组划分标准[①]

单位：年

树种(组)	地区	幼龄林	中龄林	近熟林	成熟林	过熟林
红松、云杉、柏木、紫杉、铁杉	北部	≤40	41~60	61~80	81~120	≥121
	南部	≤20	21~40	41~60	61~80	≥81
落叶松、冷杉、樟子松、赤松、黑松	北部	≤20	21~30	31~40	41~60	≥61
	南部	≤20	21~30	31~40	41~60	≥61
油松、马尾松、云南松、思茅松、华山松、高山松	北部	≤20	21~30	31~40	41~60	≥61
	南部	≤10	11~20	21~30	31~50	≥51
杨树、柳树、桉树、檫木、楝树、泡桐、木麻黄、枫杨、其他软阔类	北部	≤10	11~15	16~20	21~30	≥30
	南部	≤5	6~10	11~15	16~25	≥26
桦木、榆树、木荷、枫香、珙桐	北部	≤20	21~30	31~40	41~60	≥61
	南部	≤10	11~20	21~30	31~50	≥51
栎树、柞木、槠类、栲树、樟树、楠木、椴树、水曲柳、胡桃楸、黄菠萝、其他硬阔类	北部+南部	≤20	21~40	41~50	51~70	≥71
杉木、柳杉、水杉	南部	≤10	11~20	21~25	26~35	≥36

---

① GB/T26424-2010. 森林资源规划设计调查技术规程.

附件3 主要人工林树种的生物量方程参考表

树种	部位	方程形式 ($B=$林木单株生物量,kg)	参数值 a	b	c	样本数	适用范围 胸径 DBH (cm)	树高 H (m)	林龄 (年)	建模地点	文献来源
柏木	地上部分	$B=a\cdot(DBH^2\cdot H)^b$	0.12703	0.79975			6~20			贵州德江	安和平等,1991
	地上部分	$B=a\cdot(DBH^2\cdot H)^b$	0.1789	0.7406		16	—			四川盐亭	石培礼等,1996
福建柏	全株	$B=a\cdot(DBH^2\cdot H)^b$	0.0614	0.9119		17			10~37	福建安溪	杨宗武等,2000
	全株	$B=a\cdot DBH^b$	0.13059	2.20446		28	4.4~14.8	4.4~9.3	6~15	湖南株洲	薛秀康等,1993
侧柏	地上部分	$B=a+b\cdot(DBH^2\cdot H)$	2.57097	0.03172		75	3.9~15.2	3.16~10.35		河北易县	马增旺等,2006
黑松	全株	$B=a\cdot(DBH^2\cdot H)^b$	0.1425	0.9181		18			33	山东牟平	许景伟等,2005
红松	全株	$B=a\cdot(DBH^2\cdot H)^b$	0.30891	0.79746		53	2.8~32.8	2.80~20.71		辽宁	贾 云等,1985
	地上部分	$B=a\cdot(DBH^2\cdot H)^b$	0.0615	0.3815		15				白河林业局	陈传国等,1984
华山松	全株	$\ln B=a+b\cdot\ln(DBH^2\cdot H)$	-2.9132	0.9302		86	4.0~38.3	3.0~20.1	14~57	甘肃小陇山	程堂仁等,2007
黄山松	全株	$B=a\cdot(DBH^2\cdot H)^b$	0.02193	1.04658			6.0~17.95	5.75~9.15		河南商城	赵体顺等,1989
火炬松	全株	$\ln B=a+b\cdot\ln(DBH)$	-2.77631	2.52444		50			9~17	江苏句容	孔凡斌等,2003
峨眉冷杉	地上部分	$B=a\cdot(DBH^2\cdot H)^b$	0.0387	0.9293			6.2~29.1	7.7~15.8		四川峨边	宿以明等,2000
冷杉	地上部分	$B=a\cdot(DBH^2\cdot H)^b$	0.0323	0.9294		20				白河林业局	陈传国等,1984
云冷杉	全株	$\ln B=a+b\cdot\ln(DBH^2\cdot H)$	-3.2999	0.9501		57	5.5~45.7	6.0~20.5	10~69	甘肃小陇山	程堂仁等,2007
红皮云杉	地上部分	$B=a+b\cdot DBH+c\cdot DBH^2$	5.2883	-2.3268	0.5775	17			6~37	黑龙江绥棱	穆丽蔷等,1995
天山云杉	全株	$B=a\cdot(DBH^2\cdot H)^b$	0.73863	0.56076		50				新疆乌鲁木齐	张思玉等,2002
华北落叶松	地上部分	$B=a\cdot(DBH^2\cdot H)^b$	0.02748	0.95757			6.50~29.10	9.32~22.60		山西吕梁山	陈海娜等,1991

（续）

树种	部位	方程形式 $(B=$林木单株生物量，$\mathrm{kg\ d.m.})$	参数值			样本数	适用范围			建模地点	文献来源
			a	b	c		胸径 DBH (cm)	树高 H (m)	林龄 (年)		
	地上部分	$B=a\cdot DBH^b\cdot H^c$	0.01736	1.82232	1.20988	44				山西关帝山	郭力勤等,1989
	地上部分	$\ln B=a+b\cdot\ln(DBH^2\cdot H)$	-1.4325	0.6784		57				山西关帝山	罗云建等,2009
华北落叶松	地上部分	$\ln B=a+b\cdot\ln DBH$	-1.0541	1.7707		24				山西五台山中山	罗云建等,2009
华北落叶松	地上部分	$\ln B=a+b\cdot\ln DBH$	-3.9187	3.0349		24				山西五台山山间盆地	罗云建等,2009
	地上部分	$B=a\cdot(DBH^2\cdot H)^b$	0.33044	0.6827		16	1.5~21.5	3.0~16.1	6~21	山西五台山	刘再清等,1995
	全株		0.58022	0.64403							
	地上部分	$\ln B=a+b\cdot\ln DBH$	-2.382	0.8047		32				河北塞罕坝	罗云建等,2009
兴安落叶松	地上部分	$B=a\cdot(DBH^2\cdot H)^b$	0.1200	0.78759						辽宁东部和东北部山区	杨玉林等,2003
	全株	$B=a\cdot(DBH^2\cdot H)^b$	0.1500	0.78153							
日本落叶松	全株	$\ln B=a+b\cdot\ln(DBH^2\cdot H)$	-0.95443	0.81881		35	9.7~24.4	9.2~25.5	10~33	河南栾川	赵体顺等,1999
	全株	$B=a\cdot(DBH^2\cdot H)^b$	0.28286	0.72380		24				湖北恩施	沈作奎等,2005
落叶松	全株	$\ln B=a+b\cdot\ln(DBH^2\cdot H)$	-3.3583	0.9552		73	6.3~31.5	5.0~20.0		甘肃小陇山	程堂仁等,2007
	地上部分	$B=a\cdot(DBH^2\cdot H)^b$	0.14568	0.74615			5.0~22.0			贵州德江	安和平等,1991
	地上部分	$B=a\cdot(DBH^2\cdot H)^b$	0.05396	0.88590		28	5.0~12.1	3.45~8.80		重庆江北	罗 韧,1992
马尾松	地上部分	$\log B=a+b\cdot\log(DBH^2\cdot H)$	-1.5794	0.9797		54	4.2~14.1	3.0~13.2	6~25	浙南	江波等,1992
	地上部分	$B=a\cdot(DBH^2\cdot H)^b$	0.09733	0.82848		108	4.90~18.00	5.28~19.95	8~30	贵州龙里	丁贵杰等,1998
	全株	$\ln B=a+b\cdot\ln(DBH^2\cdot H)$	-3.5234	0.9655		121	2.3~40.0	3.8~19.4	12~72	甘肃小陇山	程堂仁等,2007
油松	全株	$\ln B=a+b\cdot\ln(DBH^2\cdot H)$	1.7401	0.3844		16				北京延庆	武会欣等,2006
	地上部分	$B=a\cdot DBH^b$	0.1002	2.3216		16				山西离石	邱 扬等,1999

（续）

树种	部位	方程形式 $(B=\text{林木单株生物量}, kg\ d.m.)$	参数值 a	b	c	样本数	适用范围 胸径DBH (cm)	树高H (m)	林龄(年)	建模地点	文献来源
	地上部分	$B=a\cdot(DBH^2\cdot H)^b$	0.05189	0.91388		16				山西太谷	肖扬等,1983
	地上部分	$\ln B=a+b\cdot\ln(DBH^2)$	-3.0861	0.90625		96	3.0~36.0	4.0~21.0		内蒙宁城	马钦彦,1987
	树干	$\log B=a+b\cdot\log(DBH^2\cdot H)$	-1.4475	0.91389		114				河北承德	马钦彦,1983
	树枝		-2.019	0.90879							
油松	树叶		-1.6705	0.76205							
	树干	$\log B=a+b\cdot\log(DBH^2\cdot H)$	-1.3557	0.86795		106				山西太岳	马钦彦,1983
	树枝		-2.7186	1.10705							
	树叶		-2.3155	0.95055							
	树干		-0.79108	0.69528							
	树枝	$\log B=a+b\cdot\log(DBH^2\cdot H)$	-0.7908	0.56789		262	5.3~16.5	3.3~11.2		辽宁章古台	焦树仁,1985
樟子松	树叶		-0.84648	0.52498							
	树根		-0.66268	0.53728							
	地上部分	$B=a\cdot DBH^b\cdot H^c$	0.08558	2.00651	0.45839	139	4.20~34.50	3.45~22.45	11~47	黑龙江佳木斯	贾炜玮等,2008
云南松	地上部分	$\log B=a+b\cdot\log(DBH^2\cdot H)$	-0.8093	1.2660		>60	4.3~22.0	2.0~17.0	6~23	四川凉山	江洪等,1985
	地上部分	$\log B=a+b\cdot\log(DBH^2\cdot H)$	-1.9929	1.098		21	8.1~17.7	5.0~11.4	6~15	浙南	江波等,1992
湿地松	地上部分	$B=a\cdot(DBH^2\cdot H)^b$	0.009	1.1215		24				广西武宣	谌小勇等,1994
	地上部分	$B=a\cdot(DBH^2\cdot H)^b$	0.05405	2.4295		19				江西千烟洲	马泽清等,2008
	地上部分	$B=a\cdot(DBH^2\cdot H)^b$	0.10301	0.77726			6~22			贵州德江	安和平等,1991
杉木	地上部分	$B=a\cdot(DBH^2\cdot H)^b$	0.02106	0.9476		22	9.6~25.9	8.4~14.5	20	江西千烟洲	李轩然等,2006
	地上部分	$B=a\cdot(DBH^2\cdot H)^b$	0.0356	0.9053		32	5.0~25.0	6.22~20.92	7~26	福建洋口林场	叶镜中等,1984
	树干	$B=a\cdot(DBH^2\cdot H)^b$	0.02649	0.80241							

（续）

树种	部位	方程形式（$B=$林木单株生物量,kg d.m.）	a	b	c	样本数	胸径DBH(cm)	树高H(m)	林龄(年)	建模地点	文献来源
杉木	树枝	$B=a\cdot(DBH^2\cdot H)^b$	0.00604	0.33882		162				湖南会同	康文星等,2004
	树叶	$\log B=a+b\cdot\log(DBH)$	-2.74521	3.04085							
	树根	$B=a\cdot(DBH^2\cdot H)^b$	0.03262	0.7271							
	全株	$B=a\cdot(DBH^2\cdot H)^b$	0.2236	0.6912		103	6.10~20.25	3.94~15.95		浙江开化	林生明等,1991
	地上部分	$B=a\cdot DBH^b$	0.4776	1.5807		33	2.0~16.0	2~18		江苏镇江	叶镜中等,1983
	地上部分	$B=a\cdot(DBH^2\cdot H)^b$	0.08371	2.31003		118			11~25	湖南株洲	李炳铁,1988
	全株	$B=a\cdot(DBH^2\cdot H)^b$	0.1043	0.8335		260	7.95~19.60	6.10~16.90		浙江庆元	周国模等,1996
	地上部分	$B=a\cdot DBH^b\cdot H^c$	0.062	1.769	0.774	30				闽江流域	张世利等,2008
	地上部分	$\log B=a+b\cdot\log(DBH^2\cdot H)$	-1.0769	0.8026						浙江北部	高智慧等,1992
水杉	地上部分	$\ln B=a+b\cdot\ln(DBH^2\cdot H)$	-2.2311	0.7659		18	3.2~24.8	3.5~15.9	6~19	江苏东台	季永华等,1997
	地上部分	$\ln B=a+b\cdot\ln(DBH^2\cdot H)$	-1.8998	0.7271		15	1.9~15.8	2.2~11.4	5~15	江苏如东	季永华等,1997
柳杉	树干	$B=a\cdot(DBH^2\cdot H)^b$	0.1117	0.7096		20	10.0~26.0	10.0~17.0	16~19	四川洪雅	黄道存,1986
	枝叶	$B=a+b\cdot DBH^2$	3.432	0.05706		15					
尾叶桉	地上部分	$B=a+b\cdot DBH+c\cdot DBH^2$	13.372	5.8931	0.8481	35			1~6	广东湛江	黄月琼等,2001
隆缘桉	地上部分	$B=a\cdot(DBH^2\cdot H)^b$	0.04913	0.89497		99				广东	郑海水等,1995
雷州1号桉	地上部分	$B=a\cdot(DBH^2\cdot H)^b$	0.03471	0.95078		70	2.0~14.0	4.0~16.0		广东雷州林业局	谢正生等,1995
柠檬桉	地上部分	$B=a\cdot(DBH^2\cdot H)^b$	0.05124	0.89852		82	2.0~18.0	3.0~19.0		广东雷州林业局	谢正生等,1995
毛赤杨	全株	$B=a\cdot e^{b\cdot DBH}$	1.9055	0.2349		24				长白山	牟长城等,2004
桤木	地上部分	$B=a\cdot(DBH^2\cdot H)^b$	0.117	0.7577		16				四川盐亭	石培礼等,1996

（续）

树种	部位	方程形式 （B=林木单株生物量,kg d.m.）	a	b	c	样本数	胸径DBH（cm）	树高H（m）	林龄（年）	建模地点	文献来源
	树干 树枝 树叶	$\ln B = a + b \cdot \ln(DBH^2 \cdot H)$	-2.89553 -3.71916 -2.90872	0.86764 0.79079 0.45739		420				河北平山	黄泽舟等,1992
刺槐	全株	$\log B = a + b \cdot \log(DBH)$	-0.85478	2.52429		33	4.5~24.7	6.6~21.9		河南蔚氏通许/开封/中牟/新郑	李增样等,1990
	树干 树皮 树枝 树叶	$B = a \cdot (DBH^2 \cdot H)^b$	0.02583 0.00763 0.00464 0.02340	0.95405 0.94478 3.21307 1.92788		31	4.0~16.0	6.4~14.2		陕西长武	张柏林等,1992
枫香	树干 树枝 树叶	$B = a \cdot (DBH^2 \cdot H)^b$	0.0927 0.0825 1.0836	0.8006 0.6490 0.2166		34			17	福建顺昌	钱国钦,2000
白桦	全株 全株	$B = a \cdot e^{b \cdot DBH}$ $\ln B = a + b \cdot \ln(DBH^2 \cdot H)$	2.1392 -2.836	0.2557 0.9222		27 92	5.1~44.2	5.0~22.3		长白山 甘肃小陇山	牟长城等,2004 程堂仁等,2007
白桦和 棘皮桦	全株	$B = a \cdot (DBH^2 \cdot H)^b$	0.0327	0.9951		18	5.8~23.8		6.1~14.5	北京门头沟	方精云等,2006
大叶相思	地上部分	$B = a \cdot DBH^b$	0.31334	1.93709		249	1.0~11.5	3.0~5.0			郑海水等,1994
楹树	地上部分	$B = a \cdot DBH^b$	0.0941	2.5658		12	3.2~31.6	5.0~18.3		广西恭城	卢琦等,1990
元江栲	全株	$B = a \cdot (b + DBH)^2$	0.6131	-0.9678		17	4.5~31.2			云南嵩明	党承林等,1994
羽状石栎	全株	$B = a \cdot (b + DBH)^2$	0.7205	-1.040		15	4.7~28.6			云南嵩明	党承林等,1994

（续）

树种	部位	方程形式 ($B=$林木单株生物量, kg d.m.)	参数值 a	b	c	样本数	适用范围 胸径 DBH (cm)	树高 H (m)	林龄 (年)	建模地点	文献来源
栓皮栎	树干	$\ln B = a + b \cdot \ln(DBH^2 \cdot H)$	1.7271	0.0015		224				四川沱江流域	刘兴良等,1997
	树皮		-5.0662	1.0506							
	树枝		-4.5282	0.8745							
	树叶		-4.9172	0.9257							
	树根		-0.2775	0.4539							
	全株	$\ln B = a + b \cdot \ln(DBH^2 \cdot H)$	-1.8272	0.7964		21				福建东山	张水松等,2000
木麻黄	树干		2.1898	0.7818		300				福建平潭	黄义雄等,1996
	树枝	$B = a \cdot (DBH^2 \cdot H)^b$	1.5646	0.8621							
	树叶		1.4146	0.8767							
	树根		1.7529	0.8376							
楠木	地上部分	$\ln B = a + b \cdot \ln(DBH^2 \cdot H)$	-2.05571	0.94293		21	5.0~36.9	4.5~20.4	5~53	江西安福	钟全林等,2001
泡桐	地上部分	$B = a \cdot DBH^b$	0.11246	2.22289		26	18.3~40.5		8	河南扶沟	蒋建平等,1989
	全株	$B = a \cdot DBH^b$	0.07718	2.27589		27	4~44		>5	河南扶沟：农桐间作	杨　修,1999
	全株	$B = a \cdot DBH^b$	0.04234	0.92868		91			1~20	河南许昌：山地	魏鉴章等,1983
	全株	$B = a \cdot DBH^b$	0.09727	0.86973		92			1~20	河南许昌：平原	魏鉴章等,1983
热带山地雨林	地上部分	$B = a \cdot (DBH^2 \cdot H)^b$	0.04569	0.96066		171				海南琼中	黄　全等,1991
热带季雨林	地上部分	$B = a \cdot (DBH^2 \cdot H)^b$	0.11312	0.84065		22				海南尖峰岭	李意德,1993

（续）

树种	部位	方程形式 ($B=$林木单株生物量，kg d.m.)	参数值 a	b	c	样本数	适用范围 胸径 DBH (cm)	树高 H (m)	林龄 (年)	建模地点	文献来源
石灰山季雨林(小径级乔木)	全株	$B=a \cdot DBH^b$	0.2295	2.2311			2.0~5.0			云南勐腊	戚剑飞等,2008
石灰山季雨林(中径级乔木)	全株	$B=a \cdot DBH^b$	0.1808	2.4027		45	5.0~20.0			云南勐腊	戚剑飞等,2008
石灰山季雨林(大径级乔木)	全株	$B=a \cdot DBH^b$	02956	2.26921		12	20.0~88.4			云南勐腊	戚剑飞等,2008
毛白杨	全株	$\ln B=a+b \cdot \ln(DBH^2 \cdot H)$	−1.1142	0.8964		21	DBH: 9.3~20.0 H: 7.4~18.3			山东冠县	徐孝庆等,1987
南方型杨树	树干	$B=a \cdot (DBH^2 \cdot H)^b$	0.0300	0.8734		62				湖北石首/公安/洪湖/监利/潜江/沙洋/襄樊/枣阳/钟祥/天门等	唐万鹏等,2004
	树皮		0.0028	0.9875							
	树枝		0.0174	0.8578							
	树叶		0.4562	0.3193							
	树根		0.0040	0.9035							
藏青杨/银白杨/北京杨/箭杆杨	全株	$B=a \cdot (DBH^2 \cdot H)^b$	0.07052	0.93817		43				西藏	关洪书等,1993
新疆杨	全株	$B=a \cdot DBH^b \cdot H^c$	0.03293	1.99960	0.85005	45			8~23	新疆疏勒/麦盖提/叶城等县	陈章水等,1988

（续）

树种	部位	方程形式 ($B=$林木单株生物量,kg d.m.)	参数值			样本数	适用范围			建模地点	文献来源
			a	b	c		胸径 DBH (cm)	树高 H (m)	林龄 (年)		
健杨	树干		0.01372	1.00591							
	树枝	$B=a\cdot(DBH^2\cdot H)^b$	0.00022	1.29693		103	10.0~33.0	11.0~26.0	3~14	山东长清	王彦等,1990
	树叶		0.00462	0.80926							
	树根		0.09858	0.63615							
I~214杨	树干		0.00235	1.18784							
	树枝	$B=a\cdot(DBH^2\cdot H)^b$	0.00087	1.12873		41	13.0~31.0	15.0~25.0	3~14	山东长清	王彦等,1990
	树叶		0.05072	0.53636							
	树根		0.02586	0.71964							
I~72杨	全株	$B=a\cdot(DBH^2\cdot H)^b$	0.015	1.032		23	12.0~36.0		10	河南武陟	李建华等,2007
胡杨	全株	$B=a\cdot(DBH^2\cdot H)^b$	0.1221	0.7813		24	3.5~33.5	3.18~12.54	幼龄林~成熟林	塔里木河中游	陈炳浩等,1984
山杨	全株	$\ln B=a+b\cdot\ln(DBH^2\cdot H)$	-2.836	0.9222		92	5.1~44.2	5.0~22.3		甘肃小陇山	程堂仁等,2007
樟树	全株	$B=a\cdot DBH^b$	0.2191	2.0052		16				重庆南岸	吴刚等,1994
桐花树	地上	$B=a\cdot(DBH^2\cdot H)^b$	0.02039	0.83749		18	2.5~9.2	1.40~2.49		广西龙门岛	宁世江等,1996

注:附件3中有些生物量方程由于建模样本少,代表性差,仅供参考。具体项目选用生物量方程时要进行适用性检验,并尽量选用国家林业行业标准发布的生物量方程。

参考文献

［1］安和平，金小麒，杨成华．板桥河小流域治理前期主要植被类型生物量生长规律及森林生物量变化研究［J］．贵州林业科技，1991，19（4）：20－34.

［2］杨宗武，谭芳林，肖祥希，等．福建柏人工林生物量的研究［J］．林业科学，2000，36（专刊1）：120－124.

［3］潘攀，李荣伟，向成华，等．墨西哥柏人工林生物量和生产力研究［J］．长江流域资源与环境，2002，11（2）：133－136.

［4］王金叶，车克钧，傅辉恩，等．祁连山水源涵养林生物量的研究［J］．福建林学院学报，1998，18（4）：319－323.

［5］马增旺，毕君，孟祥书，等．人工侧柏林单株生物量研究［J］．河北林业科技，2006（3）：1－3.

［6］石培礼，钟章成，李旭光．四川桤柏混交林生物量的研究［J］．植物生态学报，1996，20（6）：524－533.

［7］薛秀康，盛炜彤．朱亭福建柏人工林生物量研究［J］．林业科技通讯，1993（4）：16－19.

［8］王玉涛，马钦彦，侯广维，等．川西高山松林火烧迹地植被生物量与生产力恢复动态［J］．林业科技，2007，32（1）：37－40.

［9］张旭东，吴泽民，彭镇华．黑松人工林生物量结构的数学模型［J］．生物数学学报，1994，9（5）：60－65.

［10］许景伟，李传荣，王卫东，等．沿海沙质岸黑松防护林的生物量及生产力［J］．东北林业大学学报，2005，33（6）：29－32.

［11］贾云，张放．辽宁草河口林区红松人工纯林生物产量的调查研究［J］．辽宁林业科技，1985，（5）：18－23.

［12］陈传国，郭杏芳．阔叶红松林生物量的研究［J］．林业勘察设计，1984（2）：10－20.

［13］程堂仁，马钦彦，冯仲科，等．甘肃小陇山森林生物量研究［J］．北京林业大学学报，2007，29（1）：31－36.

［14］赵体顺，张培从．黄山松人工林抚育间伐综合效应研究［J］．河南农业大学学报，1989，23（4）：409－421.

［15］胡道连，李志辉，谢旭东．黄山松人工林生物产量及生产力的研究［J］．中南林学院学报，1998，18（1）：60－64.

［16］吴泽民，吴文友，卢斌．安徽大别山黄山松林分生物量及物质积累与分配［J］．安徽农业大学学报，2003，30（3）：294－298.

［17］孔凡斌，方华．不同密度年龄火炬松林生物量对比研究［J］．林业科技，2003，28（3）：

6 – 9.

[18]宿以明,刘兴良,向成华. 峨眉冷杉人工林分生物量和生产力研究[J]. 四川林业科技,2000,21(2):31 – 35.

[19]陈德祥,李意德,骆土寿,等. 海南岛尖峰岭鸡毛松人工林乔木层生物量和生产力研究[J]. 林业科学研究,2004,17(5):598 – 604.

[20]陈林娜,肖扬,盖强,等. 庞泉沟自然保护区华北落叶松森林群落生物量的初步研究—群落结构、生物量和净生产力[J]. 山西农业大学学报,1991,11(3):240 – 245.

[21]杨玉林,高俊波,曹飞,等. 抚育间伐对落叶松生长量的影响[J]. 吉林林业科技,2003,32(5):21 – 24.

[22]赵体顺,光增云,赵义民,等. 日本落叶松人工林生物量及生产力的研究[J]. 河南农业大学学报,1999,33(4):350 – 353.

[23]郭力勤,肖扬. 华北落叶松天然林立木重量的试编. 林业资源管理[J],1989(5):36 – 39.

[24]刘再清,陈国海,孟永庆,等. 五台山华北落叶松人工林生物生产力与营养元素的积累[J]. 林业科学研究,1995,8(1):88 – 93.

[25]沈作奎,鲁胜平,艾训儒. 日本落叶松人工林生物量及生产力的研究[J]. 湖北民族学院(自然科学版),2005,23(3):289 – 292.

[26]罗云建,张小全,王效科,等. 华北落叶松人工林生物量及其分配模式[J]. 北京林业大学学报,2009,31(1):13 – 18.

[27]罗韧. 抚育间伐对马尾松生物生产力的影响[J]. 四川林业科技,1992,13(2):29 – 34.

[28]江波,袁位高,朱光泉,等. 马尾松、湿地松和火炬松人工林生物量与生产结构的初步研究[J]. 浙江林业科技,1992,12(5):1 – 9.

[29]丁贵杰,王鹏程,严仁发. 马尾松纸浆商品用材林生物量变化规律和模型研究[J]. 林业科学,1998,34(1):33 – 41.

[30]李轩然,刘琪璟,陈永瑞,等. 千烟洲人工林主要树种地上生物量的估算[J]. 应用生态学报,2006,17(8):1382 – 1388.

[31]武会欣,史月桂,张宏芝,等. 八达岭林场油松林生物量的研究[J]. 河北林果研究,2006,21(3):240 – 242.

[32]邱扬,张金屯,柴宝峰,等. 晋西油松人工林地上部分生物量与生产力的研究[J]. 河南科学,1999(17):72 – 77.

[33]肖扬,吴炳森,陈宝强,等. 油松林地上部分生物量研究初报[J]. 山西林业科技,1983(2):5 – 14.

[34]马钦彦. 内蒙古黑里河油松生物量研究[J]. 内蒙古林学院学报,1987(2):13 – 22.

[35]焦树仁. 辽宁章古台樟子松人工林的生物量与营养元素分布的初步研究[J]. 植物生态学与地植物学丛刊,1985,9(4):257 – 265.

[36] 贾炜玮，姜生伟，李凤日. 黑龙江东部地区樟子松人工林单木生物量研究[J]. 辽宁林业科技，2008(3)：5-10.

[37] 江洪，林鸿荣. 飞播云南松林分生物量和生产力的系统研究[J]. 四川林业科技，1985(4)：1-10.

[38] 谌小勇，项文化，钟建德. 不同密度湿地松林分生物量的研究[M]. 哈尔滨：东北林业大学出版社，1994.

[39] 马泽清，刘琪璟，王辉民，等. 中亚热带人工湿地松林生产力观测与模拟[J]. 中国科学 D 辑：地球科学，2008，38(8)：1005-1015.

[40] 马钦彦. 华北油松人工林单株林木的生物量[J]. 北京林学院学报，1983(4)：1-16.

[41] 叶镜中，姜志林，周本琳，等. 福建省洋口林场杉木林生物量的年变化动态[J]. 南京林学院学报，1984(4)：1-9.

[42] 康文星，田大伦，闫文德，等. 杉木林杆材阶段能量积累和分配的研究[J]. 林业科学，2004，40(5)：205-209.

[43] 林生明，徐土根，周国模. 杉木人工林生物量的研究[J]. 浙江林学院学报，1991，8(3)：288-294.

[44] 叶镜中，姜志林. 苏南丘陵杉木人工林的生物量结构[J]. 生态学报，1983，3(1)：7-14.

[45] 李炳铁. 杉木人工林生物量调查方法的初步探讨[J]. 林业资源管理，1988(6)：57-60.

[46] 周国模，姚建祥，乔卫阳，等. 浙江庆元杉木人工林生物量的研究[J]. 浙江林学院学报，1996，13(3)：235-242.

[47] 张世利，刘健，余坤勇. 基于 SPSS 相容性林分生物量非线性模型研究[J]. 福建农林大学学报：自然科学版，2008，37(5)：496-500.

[48] 穆丽蔷，张捷，刘祥君，等. 红皮云杉人工林乔木层生物量的研究[J]. 植物研究，1995，15(4)：551-557.

[49] 张思玉，潘存德. 天山云杉人工幼林相容性生物量模型[J]. 福建林学院学报，2002，22(3)：201-204.

[50] 高智慧，蒋国洪，邢爱金，等. 浙北平原水杉人工林生物量的研究[J]. 植物生态学与地植物学学报，1992，16(1)：64-71.

[51] 季永华，张纪林，康立新. 海岸带复合农林业水杉林带生物量估测模型的研究[J]. 江苏林业科技，1997，24(2)：1-5.

[52] 黄月琼，陈士银，吴小凤. 尾叶桉各器官生物量估测模型的研究[J]. 安徽农业大学学报，2001，28(1)：44-48.

[53] 郑海水，翁启杰，黄世能. 窿缘桉生物量表的编制[J]. 广东林业科技，1995，11(1)：41-46.

[54] 曾天勋. 雷州短轮伐期桉树生态系统研究[M]. 北京：中国林业出版社，1995.

[55] 牟长城, 万书成, 苏平, 等. 长白山毛赤杨和白桦沼泽生态交错带群落生物量分布格局 [J]. 应用生态学报, 2004, 15(12): 2211 – 2216.

[56] 黄则舟, 毕君. 太行山刺槐林分生物量研究[J]. 河北林业科技, 1992 (2): 48 – 52.

[57] 李增禄, 张楷, 马洪志. 豫东沙区刺槐人工林经营数表编制的研究[J]. 河南农业大学学报, 1990, 24(3): 319 – 326.

[58] 张柏林, 陈存根. 长武县红星林场刺槐人工林的生物量和生产量[J]. 陕西林业科技, 1992 (3): 13 – 17.

[59] 方精云, 刘国华, 朱彪, 等. 北京东灵山三种温带森林生态系统的碳循环[J]. 中国科学 D 辑: 地球科学, 2006, 36(6): 533 – 543.

[60] 郑海水, 翁启杰, 周再知, 等. 大叶相思材积和生物量表的编制[J]. 林业科学研究, 1994, 7(4): 408 – 413.

[61] 卢琦, 李治基, 黎向东. 栲树林生物生产力模型[J]. 广西农学院学报, 1990, 9(3): 55 – 64.

[62] 党承林, 吴兆录. 元江栲群落的生物量研究[J]. 云南大学学报: 自然科学版, 1994, 16(3): 195 – 199.

[63] 刘兴良, 鄢武先, 向成华, 等. 沱江流域亚热带次生植被生物量及其模型[J]. 植物生态学报, 1997, 21(5): 441 – 454.

[64] 张水松, 叶功富, 徐俊森, 等. 滨海沙土立地条件与木麻黄生长关系的研究[J]. 防护林科技, 2000 (专刊1): 1 – 5, 14.

[65] 黄义雄, 沙济琴, 谢皎如, 等. 福建平潭岛木麻黄防护林带的生物生产力[J]. 生态学杂志, 1996, 15(2): 4 – 7.

[66] 钟全林, 张振瀛, 张春华, 等. 刨花楠生物量及其结构动态分析[J]. 江西农业大学学报, 2001, 23(4): 533 – 536.

[67] 杨修, 吴刚, 黄冬梅, 等. 兰考泡桐生物量积累规律的定量研究[J]. 应用生态学报, 1999, 10(2): 143 – 146.

[68] 蒋建平, 杨修, 李荣幸. 泡桐人工林生态系统的研究(Ⅳ): 净生产力和有机质归还 [J]. 河南农业大学学报, 1989, 23(4): 327 – 337.

[69] 魏鉴章, 吴理安, 赵海琳, 等. 泡桐生物产量问题的研究[J]. 河南林业科技, 1983(增刊1): 8 – 23.

[70] 黄全, 李意德, 赖巨章, 等. 黎母山热带山地雨林生物量研究[J]. 植物生态学与地植物学学报, 1991, 15(3): 197 – 206.

[71] 李意德. 海南岛热带山地雨林林分生物量估测方法比较分析[J]. 生态学报, 1993, 13 (4): 313 – 320.

[72] 戚剑飞, 唐建维. 西双版纳石灰山季雨林的生物量及其分配规律[J]. 生态学杂志, 2008, 27(2): 167 – 177.

[73] 徐孝庆, 陈之瑞. 毛白杨人工林生物量的初步研究[J]. 南京林业大学学报, 1987(1):

130 – 136.

[74]唐万鹏，王月容，郑兰英. 南方型杨树人工林生物量与生产力研究[J]. 湖北林业科技，2004（增刊）：43 – 47.

[75]陈章水，方奇. 新疆杨元素含量与生物量研究[J]. 林业科学研究，1988，1(5)：535 – 540.

[76]关洪书，刘玉林. 西藏一江两河中部流域杨树人工林生物量的研究[J]. 林业科技通讯，1993(9)：20 – 22，32.

[77]王彦，李琪，张佩云，等. 杨树丰产林生物量和营养元素含量的研究[J]. 山东林业科技，1990 (2)：1 – 7.

[78]李建华，李春静，彭世揆. 杨树人工林生物量估计方法与应用[J]. 南京林业大学学报：自然科学版，2007，31(4)：37 – 40.

[79]陈炳浩，李护群，刘建国. 新疆塔里木河中游胡杨天然林生物量研究[J]. 新疆林业科技，1984 (3)：8 – 16.

[80]吴刚，章景阳，王星. 酸沉降对重庆南岸马尾松针叶林年生物生产量的影响及其经济损失的估算[J]. 环境科学学报，1994，14(4)：461 – 465.

第四章　VCS改进森林经营方法学：

将用材林转变为保护林

作者：

Mark Dangerfield, Charlie Wilson, Tim Pearson, James Schultz

GCS公司介绍

绿领咨询公司(GreenCollar Consulting Solutions，下简称GCS)是一家致力于环境市场和项目服务的咨询公司，公司在亚太地区的农业、林业和其他土地利用(AFOLU)领域的方法学开发、政策建议和项目开发方面具有广泛的经验。GCS公司的目标是为土地管理者提供工具和支持服务，以帮助他们实现其环境资产潜在的全部商业价值。

GCS公司多种多样的工作经验涵盖农业、森林经营管理方法学和项目的开发，以及提供有关国内和国际政策建议。GCS公司有一些世界上最大的农林碳项目开发和发起的经验。GCS公司设立在悉尼，公司与欧洲、北美洲和亚洲的同行公司建立了强有力的战略合作关系。

方法学编号：VSC方法学VM0010，1.2版

专业领域：14(AFOLU)

编译者：李金良、许存勇、施志国

1 规范性引用文件

本方法学引用或参考了以下文件和工具：

(1)VCS 核证碳减排标准(VCS)项目指南 2007. 1

(2)VCS 农林等土地利用项目(AFOLU)方法学工具

(3)VCS AFOLU 项目活动中额外性论证工具

(4)VCS 方法学 VM0007，REDD 方法学模块（避免毁林伙伴）

(5)VCS 方法学 VM0003，延长轮伐期改进森林经营（Ecotrust 机构）

(6)VCS 方法学 VM0005，将低产林改造为高产林方法学（Silvestrum 公司）

(7)AFOLU 非持久性风险分析和缓冲库设定工具

(8)CDM 造林再造林项目活动监测样地数量的计算工具[①]

(9)造林再造林 CDM 项目活动温室气体排放重要程度的检验工具[②]

注：上述提及的 VCS 项目文件和批准的 VCS 方法学可从 VCS 网站查阅。

2 引言

开发将用材林转变为保护林的改进森林经营方法学（LtPF）的目的是提供详细的程序，用于保守地估算出将无碳收益时计划采伐的森林转变为保护林的改进森林经营(IFM)项目实施后所产生的减排量。

本方法学的核心组成部分如下：

(1)**合格性**：该方法学制定了拟议项目的合格标准；

(2)**项目边界和范围**：提供了确立项目地理边界和时间边界的指南，及列出了要求计量的温室气体排放源和碳库；

(3)**基线情景选择、额外性论证和基线模拟**：提供最保守的基线情景识别选择和相对于选定基线的拟议项目额外性论证的指南；

(4)**基线排放量**：提供保守地估算基线情景下因计划木材采伐导致碳储

---

① http：//cdm. unfccc. int/methodologies/ARmethodologies/approved_ ar. html

② http：//cdm. unfccc. int/methodologies/ARmethodologies/approved_ ar. html

量变化引起的温室气体排放量的详细程序；

（5）**项目排放量**：提供保守地估算项目情景下碳储量变化引起的温室气体排放量的详细程序；

（6）**项目泄漏量**：提供计量实施拟议项目活动所引起的多来源泄漏量的方法学工具；

（7）**项目减排量**：提供计量每年年底基线情景和项目情景温室气体减排量的方法学工具；

（8）**项目核证减排量（下简称VCUs）**：提供计算VCUs的方法学工具，用于确定在扣除风险和不确定性后的净温室气体减排数量，及确定在整个项目计入期内每年应签发的减排量。

（9）**项目监测**：提供实施监测计划和测定监测参数的方法指南，用于计算项目的碳储量变化量和干扰引起的排放量。

额外性	项目方法
计入期基线	项目方法

3　定义

项目参与方（项目业主）须使用最新版本的VCS项目文件中的术语定义。表1列出的定义仅适用于本方法学。

表1　用材林转变为保护林的改进森林经营方法学中的术语定义

术语	定义
商业性木材采伐	为获得木材产品销售收入，而从森林中采伐商品材的经营活动。
胸径（*DBH*）	使用常用的测径尺测量得到的离地面1.3米处的树干直径。
森林退化	参见"核证碳减排标准"文件最新版本中的定义。
森林调查	通过下列抽样系统，调查森林的范围、数量和状况。 1. 根据森林经营目的所需要的精度要求，设计抽样方法，调查森林资源的空间分布、树种组成和森林数据的变化率； 2. 上述森林调查所得出的数据。
伐区	在年度木材采伐计划中划定的开展采伐作业的森林地段。
采伐剩余物	属枯死木的一种类型，指采伐作业过程中遗弃、遗留在林区内的粗木质体等。

（续）

术语	定义
有计划的木材采伐	按照有关森林采伐的法律规定和木材采伐计划，从森林中有计划的采伐商品材，并通过销售木材产品获得经济收益的经营活动。
木材采伐计划	遵循一系列木材采伐法定条件，规定木材采伐的方法和作业程序的计划，包括： a) 划定林内非木材采伐区域； b) 按年区划可采伐作业的森林区域（伐区），并用文字描述并标识在地图上； c) 设计和描述木材运输方案； d) 描述木材采伐中使用的采伐和运输机械。

3.1 代表符号和注释

3.1.1 物理量

本节介绍整个方法学中使用的各种代表符号，计量表达公式中的物理量。

温室气体通量

温室气体（GHG）在本方法学中自始至终表示与大气发生交换的温室气体流入和流出。

吨二氧化碳当量/年（$tCO_2e \cdot a^{-1}$）表示年温室气体变化的绝对值，或者用吨二氧化碳当量（tCO_2e）表示温室气体总变化量。

碳储量

符号 C 在本方法学中代表碳储量，其单位使用吨碳（tC）或者使用单位面积碳储量（$tC \cdot hm^{-2}$），在第二节中有描述。

碳储量变化量

ΔC 表示碳储量的变化量。其数值可以是总碳储量变化量（用 tC 表示），年碳储量变化量（用 $tC \cdot a^{-1}$ 表示），或者是单位面积碳储量年度变化量（用 $tC \cdot hm^{-2} \cdot a^{-1}$ 表示），在第二节中有描述。

3.1.2 情景限定词

在计量公式中，将使用下列缩略词：

（1）| BSL 表示基线情景物理量，后缀；

（2）| PRJ 表示项目情景物理量，后缀；

（3）| LtPF 表示来自基线情景和项目情景计量物理量，后缀。

4　适用条件

所有项目必须符合 AFOLU 项目类型中"把用材林转变为保护林的森林经营方法学"的定义。这在最新版"VCS 农林和其他土地利用"要求文件中有明确规定。本方法学的特有适用条件如下：

（1）在基线情景下，森林经营必须具有计划的木材采伐活动；

（2）在项目情景下，森林利用受限于不会进行商业性木材采伐或不造成森林退化的经营活动；

（3）计划采伐量必须根据确定森林允许采伐量（$m^3 \cdot hm^{-2}$）的森林调查方法进行测算；

（4）林地的边界必须清晰并有文件记录；

（5）基线情景不能包括将森林转化为受管制的人工林的情景；

（6）基线情景、项目情景和项目案例都不包括湿地和泥炭土地。

4.1　合格性

（1）必须具备合法的木材采伐权。

在项目实施前，必须具有木材采伐权。

木材采伐权等森林经营权必须由相关的政府部门发放，确定森林的木材资源合法分配权益，并包括森林经营方案，该方案确定森林的地理位置、林木采伐量和采伐方式等内容。

必须具有法律性证明文件，证明其具有森林经营权。证明文件包括合法林木采伐许可，采伐意向，木材资源情况说明。证明文件必须由相关的（政府）监管部门出具，并指定、认可或批准项目区（或几个地块）的森林经营活动。

（2）木材采伐意向。

那些项目业主在寻求碳基金支持、考虑 IFM 项目之前，需要提供下列各类证明的原件，证明其采伐意向。

项目业主需提供以下任何一种证据：

（a）能够证明以下情况的证明文件：

该项目实施场地能够代表过去两年内、国内其他采伐林地的情况；

该项目实施地所处的位置临近交通网络或出口港口或木材加工厂，其距离具有潜在商业价值；

（b）一份政府部门批准的、有效的并可验证的项目区木材采伐计划。

5 项目边界

5.1 地理边界

项目业主需清楚地划定某一项目区域的空间边界，以便于准确测定、监测、计量和核查项目减排量。

IFM 项目活动可以在几处不相连的地块上进行。

在描述项目的边界时，各分离的项目地块需要包含下列信息：

（1）项目区域名称（包括林班号，分配编号和当地的地名）；

（2）木材采伐计划中各分离的伐区唯一识别名称；

（3）项目区地图（数字地图最理想）；

（4）每个多边形地块的拐点地理坐标（最好是大地坐标系的坐标参数或数字地图）；

（5）总体面积；

（6）详细的林地所有权和使用权。

项目地理边界是固定的，在整个项目期内不应发生变化。

按照 VCS 标准中有关市场泄露的定义，来自市场影响引起泄漏的地理边界是发生泄漏项目区所在国。

5.2 时间边界

必须确定以下时间边界：

项目开始日期和计入期

项目计入期指核查温室气体减排量的时间区间。

项目计入期的长度应该遵循 VCS 标准中有关于 IFM 项目的规定，并需要在 VCS 项目的项目设计文件（VCS – PD）中注明。

监测频率

核证碳减排量（VCU）必须经过监测和核查后方能签发。最短的监测期限为 1 年，最长监测期限为 10 年。

项目业主自愿决定核查的频率。但是按照 VCS 标准中的规定，如果在 5

年内没有进行核查，则50%的缓冲库账户中的碳信用将会被冻结。

基线情景的排放量通过事前计量确定，在整个项目期内将不予调整。

5.3　碳库的选择

项目边界内包括或不包括的碳库见表2。

表 2　碳库的选择

碳库	是否选择	理由/ 选择说明
乔木地上生物量	是	必须估算出乔木地上生物量(生物质)碳储量变化量
非乔木地上生物量	否	在保持森林的情况下，排除非乔木地上生物量是保守的
地下生物量	否	在保持森林的情况下，基本不会有明显的变化，并且测定又困难。忽略这个碳库是保守的。
枯死木(采伐剩余物)	是(基线情景下须计量)	枯死木(采伐剩余物)碳库在基线情景下将会比项目情景下大的多。因此该碳库必须包括在内。
枯死木(自然形成的)	否	按照 IPCC(政府间气候变化专门委员会)指南①中规定，可以假定项目情景和基线情景中自然枯死木(枯立木或倒木)碳储量是不变的。所以保守地排除这个碳库。只在基线情景计量枯死木碳库计是不保守的。
木质林产品	是	基线情景将会比项目情景显著大。
枯落物	否	没有多大意义，可以保守忽略该碳库。
土壤有机碳	否	在保持森林存在的情况下，可以保守地忽略该碳库。

5.4　温室气体排放源的选择

项目边界内包括和不包括的温室气体排放源见表3。

如果采用最新版本的造林/再造林清洁发展机制项目活动的温室气体排放源重要性检验工具检测，得出的结论是排放源影响程度不大的话，那么这些排放可以忽略不计(即按零计入)②。但是，可以忽略的碳储量减少和排放量增加之和应该小于整个项目温室气体减排效益的5%。

---

① IPCC 2006，2006 IPCC 国家温室气体清单指南；第 4 卷 AFOLU，国家温室气体清单项目编写组，Eggleston H. S. , Buendia L. , Miwa K. , Ngara T. and Tanabe K. (eds). 出版商：日本全球环境战略研究所(IGES)

② http：//cdm. unfccc. int/methodologies/ARmethodologies/approved_ ar. html

表3　除各碳库碳储量变化外的其他温室气体排放源的选择

气体	排放源	是否选择	理由/选择说明
二氧化碳(CO_2)	化石燃料燃烧（车辆、机械、设备）	否	保守地忽略，因为基线情景中的排放量要高于项目情景。
	清除草本植物	否	依据是清洁发展机制执行理事会第23次会议决议中的第11节：cdm. unfccc. int/Panels/ar/023/ar_ 023_ rep. pdf。
甲烷（CH_4）	化石燃料燃烧（运输、机械、设备）	否	保守地忽略，因为基线情景中的排放量要高于项目情景。
	森林火灾	是	包括该排放并换算成二氧化碳当量。
氧化亚氮（N_2O）	化石燃料燃烧（运输和机械设备）	否	潜在的排放量可以忽略。
	施用氮肥	否	潜在的排放量可以忽略。根据VCS标准中有关"农林或其他土地使用"更新的方法学和指南，此类项目中使用肥料所产生的排放可以忽略不计。因此，这里也不予以考虑。
	森林火灾	否	潜在的排放量可以忽略。

6　基线情景识别的程序

6.1　基线情景的确定

项目的业主必须采用最新版本的VCS农林项目额外性论证工具，对其项目活动进行额外性论证和评估。评估各种替代基线情景必须不在进一步考虑之列。

按照适用性条件，项目必须证明是有木材采伐计划的基线情景。否则，本方法学将不能应用。

在基线情景下，有计划的木材采伐作业可以发生在项目活动的任何年份，而不仅仅在第0年。

6.2　基线情景的模拟

一旦项目参与方（业主）论证了以木材采伐计划作为基线情景后，就要决定如何进行基线经营情景模拟。凡能获得数据，必须使用历史基线情景（参见6.2.1）。反之，必须使用普遍性做法基线情景（参见6.2.2）。

6.2.1　历史基线情景

如果项目业主有以下文件，同时又是与项目区相同区域的基线土地的森林经营者时，必须对基于木材采伐历史做法的基线情景和木材采伐计划（参见框图 1）进行模拟，并将其识别为项目的基线情景。

（1）在项目开始之日前，森林经营历史记录至少是 5 年或以上。

（2）历史记录中可以显示出其经营管理工作好于当地和本地区林业法律法规的法定要求。

（3）历史记录要显示出过去的经营没有财务困难，其财务收益高于平均财务回报。

6.2.2　普遍性做法基线情景

所有其他情况都必须按照普遍性做法进行采伐基线情景模拟。

普遍性做法必须根据森林经营的法律要求进行木材采伐，并且要按照以下两点要求，制定木材采伐计划（参见框图 1）。

（1）在项目区开展类似实施有关法律要求的情景模拟；

（2）选定一个（或多个）已进行木材采伐经营并符合森林经营法律要求的参考区域①，作为当地木材采伐普遍性做法的代表。

普遍性做法不应该与基线经营相矛盾，但在普遍性做法比基线的采伐强度（用 $m^3 \cdot hm^{-2}$ 表示）低的情况下除外。

假如在项目区域内一个相关参考区域难以生成基线情景，可以选定该国内多个参考区域。但是必须确保这些参考区域符合森林类型、气候和海拔的条件要求。

---

① 参考区域必须和项目区在同一地区，而且要求森林类型、气候和海拔与此相似（森林类型组成相似度 ±20%；年降水量相似度 ±20%；海拔级差（500 米），与项目区相同的分配比（ +/− 20% ））。

框图1　木材采伐计划

以木材采伐计划形式的采伐说明书是基线情景下温室气体排放量计量的基础。

木材采伐计划陈述收获木质林产品，同时必须要：

(1)参考森林蓄积量调查资料(见8.1.1节——参数中的基线情景商品材材积 $V_{j,i1\ BSL}$)来确定各碳层各树种每公顷可采伐林木的大概株数；

(2)根据环境保护相关法律规定，在林区区划出非采伐区域，例如斜坡、沼泽地和保护缓冲区；

(3)使用普遍性做法将可采伐的森林区划为年度作业区(在本方法学文件中用伐区来表达)；

(4)包括将采伐下来的原木从伐区运输到木材加工厂或销售地的运输路线设计；

(5)列出必要的采伐和运输的机械。

木材采伐计划应该采用当地最佳木材采伐方式，遵循木材资源蓄积量和森林采伐限额方面的法律要求。

在基线情景下，为方便估算出基线情景下木材采伐计划中的采伐将造成的碳储量年变化量，要求在木材采伐计划中要制定一个详细的木材采伐进度表，给出项目区每个伐区的采伐明细，其内容包括：

(1)采伐的树种①；

(2)每个伐区安排采伐作业的年份(1，2，3…)；

(3)在项目计入期所有伐区处于采伐后状态的年份数；

(4)被采伐的林木在胸高、伐桩和梢头处的最大和最小直径；

(5)拟采用的采伐方式(皆伐，按树种/层的择伐，按面积的择伐)；

(6)各种木质林产品加工的技术规范；

(7)采伐的总蓄积量或分蓄积量。按照木材产品的类别如锯材、人造板或者其他工业用原木、纸和纸板等分类分项列出。

木材采伐计划进度表应该由事前确定的赋予采伐权时有规定的木材采伐计划决定的。为项目区制定采伐计划进度表应包括拟开展改进森林经营项目活动边界内全部伐区。

木材计划采伐量应该是每年分碳层分树种的单位面积商品材采伐量的平均值($V_{EX,j,i1\ BSL}$)。

项目业主应该提交木材采伐计划进度表，作为VCS项目文件的组成部分。

6.3　分层

如果项目区内包括不同森林类型，或者是不同碳密度的森林，就需要进行分层以提高碳储量估计值的准确性和精度。

为估算出基准年的碳储量，需要采用估算经营管理中的森林碳储量变化量一致的关键参数来划分碳层。分层因子可以是森林类型、植被类型和(或)目标用材树种。

根据有关项目区森林碳储量性质和组成资料的可获取性，分层可基于：

---

① 森林经营计划中选定的采伐树种应该是该地区商业采伐的主要树种。

（1）包括在赋予林木采伐权的文件中的现有的植被图和植被分类。

（2）或使用标准的森林评估规程（适用于项目区所在地的特有林区），对项目区进行抽样得出的估计值。

基线分层要求在事前完成。

作为 VCS 项目文件的一部分，项目业主必须提交项目区将要采用的分层方案详细说明。

7　额外性论证的程序

项目业主可以使用最新版的 VCS 农林及其他土地利用项目活动中额外性论证和评估工具进行项目的额外性论证。

8　温室气体减排量的计算

8.1　基线排放量

计算基线情景温室气体排放量，要求使用本章提供的计算公式，计算出基线情景下所有伐区的温室气体排放量。

本方法学考虑的基线排放因素如下表：

包括因素有：
木质林产品生产过程中的排放
采伐剩余物（枯死木）分解
木质林产品使用过程中氧化引起的排放
采伐更新林木生长引起的碳储量变化
保守地排除以下因素：
采伐树倒过程中无意被砸倒树木的分解
修建集材道时被采伐林木的分解
修建道路中被采伐林木的分解
基线采伐作业中化石燃料造成的排放
更新造林过程中产生的排放

项目的基线排放量需要在事前进行计算，而且在整个项目周期内将不再进行调整。

基线排放量主要包括木材采伐过程中产生的枯死木（采伐剩余物）引起

的温室气体排放量（参见 8.1.2），再加上木材生产和木质林产品使用过程中氧化引起的排放量（参见 8.1.3），减去木材采伐后更新林木生长引起的碳储量变化量（参见 8.1.4）。

基线情景商品材材积必须依据木材采伐计划确定，并且用于事后对森林自然干扰的排放计量。

这些方程用于计算在整个计入期内各种排放源的排放总量。排放总量按计入期进行平均，得出年均排放量。用年均排放量乘以 t*（项目年份），可得到 t* 时的累计排放量。事后，对 t* 进行更新，这样获得的基线预测量可用于今后各个核查日期。

基线情景用于计算碳储量变化量的数据必须与制定木材采伐计划所使用的数据一致。

8.1.1　商品材碳储量的计算

本节计算 $C_{HB,j,i\mid BSL}$，被采伐林木总生物量的平均碳储量（tC·hm^{-2}），和 $C_{EX,j,i\mid BSL}$，商品材采伐量的平均碳储量（运出林区的各材种材积，tC·hm^{-2}）。

以下计算的潜在的可采伐的单位面积商品材材积（$V_{j,i\mid BSL}$）必须来自样地实测数据。

假如现有的森林调查数据符合下列条件，那么使用现有的森林调查数据是可以接受的[①]。

（1）代表项目碳层；

（2）不超过 10 年；

（3）如果森林调查数据已经超过 10 年，则根据现有数据推算出的蓄积量估计值需要从项目区域内抽取一定的样本进行有效性验证。

必须通过外业调查来完成现有森林调查数据的验证。使用标准的森林调查评估方法，从项目区的样地中测量和估算出每一层的平均蓄积量。样地数计算方法按照计算工具的最新版本要求，参见"CDM 造林再造林项目活动监测样地数量的计算工具"[②]。

如果核实的蓄积量估计值在相应估计值 90% 的置信区间以内，或核实

[①]　在森林资源调查评估中，包括外业数据采集和数据管理，应该采用森林调查的标准质量控制/质量保证程序。核查时需要提供抽样数据和方法。样地面积应该足够大，保证达到 95% 的置信区间，而且其估计值的变动应该不超过平均值的 +/− 15 %。

[②]　http：//cdm. unfccc. int/methodologies/ARmethodologies/approved_ ar. html

的蓄积量比按照现有森林调查数据估计值大，则可以使用现有的森林调查数据。如果核实的蓄积量估计值比按照现有的森林调查数据估计值小，则不可以使用现有的森林调查数据。

估算商品材各材种材积应依据当地的材积方程或者是收获表估算。如果缺乏这两种工具，则允许使用相关地区的或国内的或缺省值。

需要使用收获表或材积方程将外业调查的每木检尺直径（胸径 DBH，典型值是地面或者是板状根以上 1.3 米处的直径），和树高换算成商品材材积，$V_{l,j,i,sp}$。

如果直接使用外业测量仪器（即林分速测镜）测量每株树的材积，可以将林木的胸径和材积方程相结合起来。

样地内各类树种 j 的商品材材积计算公式为：

$$V_{j,i,sp} = \sum_{l=i}^{L} V_{l,j,i,sp} \qquad\qquad 公式（1）$$

式中：

$V_{j,i,sp}$	碳层 i 树种 j 的样地 sp 商品材材积，m^3
$V_{l,j,i,sp}$	样地 sp 内碳层 i 树种 j 第 l 株树的商品材材积，m^3[①]
l	1，2，3 …L，样地内每株树的序号
i	1，2，3 …M 层
sp	1，2，3 …SP 样地
j	1，2，3 …J 树种

因此，基线情景碳层 i 树种 j 单位面积商品材材积由碳层 i 树种 j 全部样地商品材材积的平均值确定：

$$V_{j,i\,|\,BSL} = \frac{1}{SP} * \sum_{sp=1}^{SP} \frac{V_{j,i,sp}}{A_{sp}} \qquad\qquad 公式（2）$$

式中：

$V_{j,i\,|\,BSL}$	基线情景碳层 i 树种 j 平均单位面积商品材材积，$m^3 \cdot hm^{-2}$
$V_{j,i,sp}$	碳层 i 样地 sp 树种 j 的商品材材积，m^3

---

① 参见不需要进行监测的数据和参数清单表（缺省值或可能测量过一次）以获得数据选择信息。

A_{sp}	样地面积，$hm^2$①
i	1，2，3 …M 层
sp	1，2，3 …样地编号
j	1，2，3 …J 树种

$V_{j,i\mid BSL}$ 将用于编制木材采伐计划（见框图 1）。根据法律规定，按木材采伐计划确定从商品材材积中允许采伐的平均单位面积商品材采伐量（$V_{EX,j,i\mid BSL}$）。

一旦完成木材采伐计划制定和计算出平均单位面积商品材采伐量（$V_{EX,j,i\mid BSL}$）后，须用生物量转换与扩展因子法（$BCEF$）②③，计算出采伐林木的生物质碳储量。

这样做是合理的。因为森林资源调查数据和允许采伐量必须基于蓄积量测算，而由蓄积量可以方便地采用生物量扩展因子估算出林木生物量。所选定的生物量换算因子中最小胸径（DBH）必须与木材采伐计划中最小胸径一致（框图 1）。

因此，碳层 i 树种 j 平均单位面积采伐林木生物质碳储量可由平均单位面积商品材采伐量计算：

$$C_{HB,j,i\mid BSL} = V_{EX,j,i\mid BSL} * BCEF_R * CF_j \qquad 公式（3）$$

式中：

$C_{HB,j,i\mid BSL}$	基线情景下，碳层 i 树种 j 的平均单位面积采伐林木生物质碳储量，$tC \cdot hm^{-2}$
$V_{EX,j,i\mid BSL}$	碳层 i 树种 j 平均单位面积商品材采伐量，$m^3 \cdot hm^{-2}$
$BCEF_R$	生物量转换与扩展因子，用于将项目区采伐的木材材积换算为林木地上生物量，$t \cdot m^{-3}$④

---

① 参见不需要进行监测的数据和参数清单表（缺省值或可能测量过一次）以获得数据选择信息。

② 大面积森林生物量间接估算方法 Somogyi, Z., E. Cienciala, R. Mäkipää, P. Muukkonen, A. Lehtonen and P. Weiss. (2006), pp. 197 - 207. http://dx. doi. org/10. 1007/s10342 - 006 - 0125 - 7.

③ IPCC. (2006) IPCC 国家温室气体清单指南；国家温室气体清单项目编写组，Eggleston H. S., Buendia L., Miwa K., Ngara T. and Tanabe K. (eds). 出版商：日本全球环境战略研究所（IGES）http://www. ipcc-nggip. iges. or. jp/public/2006gl/index. html.

④ 参见不需要进行监测的数据和参数清单表（缺省值或可能测量过一次）以获得数据选择信息。

CF_j	树种 j 生物质含碳率，tC·t^{-1}①
i	1，2，3 …M 层
j	1，2，3 …J 树种

并非所有被采伐林木生物量都被运出林区。采伐的木材由两个部分构成：（1）被运到市场销售的木材（出材量，即商品材），（2）采伐后仍然留在森林的剩余物部分（参见 8.1.2）。

因此，商品材采伐量乘以木材密度和生物量含碳率，可得出碳层 i 树种 j 平均单位面积商品材采伐量碳储量：

$$C_{EX,j,i \mid BSL} = V_{EX,j,i \mid BSL} * D_j * CF_j \qquad\qquad 公式（4）$$

式中：

$C_{EX,j,i \mid BSL}$	碳层 i 树种 j 平均单位面积商品材采伐量碳储量，tC·hm^{-2}
$V_{EX,j,i \mid BSL}$	碳层 i 树种 j 单位面积商品材采伐量，m^3·hm^{-2}
D_j	树种 j 基本木材密度，t·m^{-3}②
CF_j	树种 j 生物质含碳率，tC·t^{-1}
i	1，2，3 …M 层
j	1，2，3 …J 树种

8.1.2　计算木材采伐后枯死木（采伐剩余物）的碳储量变化量

本节计算枯死木（采伐剩余物）碳储量变化量 $\Delta C_{DWSLASH,i,p \mid BSL}$。这些是碳层 i 伐区 p 木材采伐后遗留在林地上的枯死木（采伐剩余物）。使用 8.1.1 节中的 $C_{EX,j,i \mid BSL}$ 和 $C_{HB,j,i \mid BSL}$ 来计算。

可以做最简单的假定。采伐后遗留在林地上枯死木有一个 10 年线性衰减函数。这个函数在核证碳减排标准（VCS AFOLU）的规定中是允许的。在方程 11 和方程 12 中，就应用了这个衰减函数，按年度计算温室气体排放量。

---

① 参见不需要进行监测的数据和参数清单表（缺省值或可能测量过一次）以获得数据选择信息。

② 参见不需要进行监测的数据和参数清单表（缺省值或可能测量过一次）以获得数据选择信息。

因此，碳层 i 伐区 p 里枯死木碳储量变化量是被采伐林木总生物质碳储量与商品材采伐量碳储量之差：

$$\Delta C_{DWSLASH,i,p|BSL} = \sum_{j=1}^{J} (C_{HB,j,i|BSL} - C_{EX,j,i|BSL}) \qquad 公式(5)$$

式中：

$\Delta C_{DWSLASH,i,p|BSL}$	碳层 i 伐区 p 单位面积采伐剩余物生物质碳储量变化量，$tC \cdot hm^{-2}$
$C_{HB,j,i|BSL}$	碳层 i 树种 j 的平均单位面积采伐林木总生物质碳储量，$tC \cdot hm^{-2}$
$C_{EX,j,i|BSL}$	碳层 i 树种 j 的平均单位面积商品材采伐量碳储量，$tC \cdot hm^{-2}$
i	1，2，3 …M 层
j	1，2，3 …J 树种
p	1，2，3 … 伐区 P

8.1.3 计算基线木质林产品碳储量变化量

本节计算木质林产品从生产到报废整个过程中碳储量变化量。

对所有木材加工成木质林产品后的情形下，木质林产品碳库的所有碳储量必须包括在基线情况中。

这里计算的碳储量是那些采伐林木转变为木质林产品的碳储量，全部因子引用自 Winjum et al（1998）。

各类树种采伐量的碳储量的表达公式为：

$$C_{EX,i|BSL} = \sum_{j=1}^{J} C_{EX,j,i|BSL} \qquad 公式(6)$$

式中：

$C_{EX,i|BSL}$	碳层 i 单位面积商品材采伐量碳储量，$tC \cdot hm^{-2}$
$C_{EX,j,i|BSL}$	碳层 i 伐区 p 树种 j 单位面积商品材采伐量碳储量，$tC \cdot hm^{-2}$
i	1，2，3 …M 层

j 　　　　　　　1，2，3 …J 树种

这时必须要选择采伐树种的预期木质林产品类型 k（如锯木，人造板，工业用原木，纸和纸板等）。通常可接受的做法是，根据本地专家对木材采伐活动和市场的了解，为所采木材要生产的木质林产品类型设定大致的百分比。

遵循 VCS AFOLU 规定，采伐后 3 年内腐烂衰减的木质林产品中存储的碳，如废材（WW）和短寿命林产品（SLF），本方法假设该类型中的碳在木材采伐时立即排放。

采伐后，使用寿命为 3 年到 100 年的木质林产品（即，额外氧化系数，OF），须按照 20 年线性衰减函数计算碳排放。使用衰减函数，按公式（11）和公式（12）按年计算出温室气体排放量。

其他所有木材产品碳库被认为是长期储存的碳。

所以，采伐时立即排放到大气中的采伐木碳储量的计算公式为：

$$\Delta C_{WPO,i,p|BSL} = \sum_{k=1}^{K} C_{EX,i,k|BSL} * (WW_k + SLF_k) \qquad 公式（7）$$

式中：

$\triangle C_{WPO,i,p|BSL}$　　碳层 i 伐区 p 基线情景假定采伐时立即排放的采伐木碳储量变化量，tC·hm^{-2}

$C_{EX,i,k|BSL}$　　碳层 i，k 类木质林产品的平均单位面积商品材采伐量碳储量，tC·hm^{-2}

WW_k　　假定在采伐生产木材产品 k 时，立刻排放到大气中的废材生物质碳的比例，无量纲[①]

SLF_k　　假定在采伐生产木材产品 k 时，立刻排放到大气中的短寿命林产品库中的生物质碳的比例，无量纲

i　　　　1，2，3 …M 层

k　　　　木材产品（锯木，人造板等）

假定在采伐时没有立即排放而是进入木质林产品库的碳储量用公式（8）

① 参见不需要进行监测的数据和参数清单表（缺省值或可能测量过一次）以获得数据选择信息。

计算：

$$\Delta C_{WP,i,p|BSL} = \sum_{k=1}^{K} C_{EX,i,k|BSL} - \Delta C_{WP0,i,p|BSL} \qquad 公式（8）$$

式中：

$\Delta C_{WP,i,p|BSL}$	基线情景碳层 i 伐区 p 假定进入了木质林产品库而没有立刻排放到大气中的平均碳储量，$tC \cdot hm^{-2}$
$C_{EX,i,k|BSL}$	碳层 i，k 类木材产品的单位面积商品材采伐量平均碳储量，$tC \cdot hm^{-2}$
$\Delta C_{WP0,i,p|BSL}$	碳层 i 伐区 p 基线情景生产木质林产品库过程中立刻排放的碳储量变化量，$tC \cdot hm^{-2}$
i	1，2，3…M 层
k	木材产品类型（锯木，人造板等）

所以，木材采伐后，木质林产品库碳储量在 3 年到 100 年间的碳排放量的计算公式为：

$$\Delta C_{WP100,i,p|BSL} = \Delta C_{WP,i,p|BSL} * OF_k \qquad 公式（9）$$

式中：

$\Delta C_{WP100,i,p|BSL}$	碳层 i 伐区 p，假定在木材采伐后 3～100 年间向大气排放的木质林产品库的碳储量变化量，$tC \cdot hm^{-2}$
$\Delta C_{WP,i,p|BSL}$	基线情景碳层 i 伐区 p，假定没有立刻排放到大气中而进入了木质林产品库中碳储量，$tC \cdot hm^{-2}$
OF_k	假定采伐后 k 类木质林产品 3～100 年间因氧化向大气排放碳的比例，无量纲；[①]
i	1，2，3…M 层

8.1.4 采伐更新后森林生长引起的碳储量变化

本节计算 $\Delta C_{RG,i,p|BSL}$，碳层 i 伐区 p 采伐更新后森林生长增加的碳汇量，tC。

木材采伐后到 t 年时，林木生长基线碳汇量等于各碳层森林生长量（以

---

① 参见不需要进行监测的数据和参数清单表（缺省值或可能测量过一次）以获得数据选择信息。

碳表示)之和。

因此，采伐后更新林木生长引起的碳汇量的计算公式为：

$$\Delta C_{RG,i,p|BSL} = RGR_i \qquad\qquad 公式(10)$$

式中：

$\Delta C_{RG,i,p|BSL}$	碳层 i 伐区 p 采伐更新后林木生长引起碳汇量，tC · hm^{-2} · a^{-1}
RGR_i	碳层 i 采伐更新后森林年生长量，tC · hm^{-2} · a^{-1}①
i	1，2，3 …M 层

8.1.5　计算碳储量变化引起的基线排放量

本节计算基线排放量 $GHG_{NET|BSL}$，单位 tCO$_2$e。

基线排放量(基线净碳储量变化量)等于木材采伐后立即排放引起的碳储量变化量，加上木质林产品从生产到报废期间排放引起的碳储量变化量，减去采伐更新后森林生长增加的碳汇量。

为了计算年度基线排放量，可用全部伐区碳储量平均净变化量乘以特定龄级的森林面积(即基准线情景中采伐后的年数)。

按年度计算排放量的方法，从项目活动开始起在第 1 年，2～10 年和 11～20 年以及其他所有年份是有变化的，这取决于所应用的衰减函数。

因此，基线情景采伐第 1 年内来自全部伐区中木质林产品和采伐剩余物碳储量变化量的计算公式为：

$$\Delta C_{NET|BSL(1)} = \sum_{i=1}^{M}\sum_{p=1}^{P} A_{1,i,p} * ((\Delta C_{DWSLASH,i,p|BSL}/10) + \Delta C_{WP0,i,p|BSL} + (\Delta C_{WP100,i,p|BSL}/20))$$

$$公式(11)$$

式中：

$\Delta C_{NET|BSL(1)}$	基线情景中在采伐第 1 年内来自全部伐区碳储量变化量，tC · a^{-1}
$\Delta C_{DWSLASH,i,p|BSL}$	碳层 i 伐区 p 木材采伐后单位面积枯死木(采伐剩余物)碳储量变化量，tC · hm^{-2}

---

① 参见不需要进行监测的数据和参数清单表(缺省值或可能测量过一次)以获得数据选择信息。

$\Delta C_{WP0,i,p\mid BSL}$	基线情景碳层 i 伐区 p 假定在林产品生产过程和报废中立即排放的碳储量变化量，$tC \cdot hm^{-2}$
$\Delta C_{WP100,i,p\mid BSL}$	碳层 i 伐区 p 在木材采伐后假定木质林产品在 3 ~ 100 年间向大气中排放的碳储量变化量，$tC \cdot hm^{-2}$
$A_{1,i,p}$	碳层 i 伐区 p 中 1 年前的采伐面积，$hm^2$①
i	1，2，3 …M 层
p	1，2，3…P 项目计入期内进行木材采伐的伐区

基线情景木材采伐第 2 ~ 10 年期间木质林产品和采伐剩余物的碳储量变化量计算公式为：

$$\Delta C_{NET\mid BSL(2-10)} =$$
$$\sum_{i=1}^{M} \sum_{p=1}^{P} A_{2-10,i,p} * ((\Delta C_{DWSLASH,i,p\mid BSL}/10) + (\Delta C_{WP100,i,p\mid BSL}/20)) \qquad 公式（12）$$

式中：

$\Delta C_{NET\mid BSL(2-10)}$	基准线情景下木材采伐第 2 ~ 10 年期间全部伐区碳储量变化量，$tC \cdot a^{-1}$
$\Delta C_{DWSLASH,i,p\mid BSL}$	碳层 i 伐区 p 木材采伐时单位面积产生的采伐剩余物枯死木碳储量变化，量 $tC \cdot hm^{-2}$
$\Delta C_{WP100,i,p\mid BSL}$	碳层 i 伐区 p 在木材采伐后存储在 3 ~ 100 年间氧化向大气中排放碳的木质林产品的碳储量变化，$tC \cdot hm^{-2}$
$A_{2-10,i,p}$	碳层 i 伐区 p 中 2 ~ 10 年前进行木材采伐的森林面积，$hm^2$②
i	1，2，3 …M 层
p	1，2，3…P 项目计入期内进行过木材采伐的林地地块

---

① 参见不需要进行监测的数据和参数清单表（缺省值或可能测量过一次）以获得数据选择信息。

② 参见不需要进行监测的数据和参数清单表（缺省值或可能测量过一次）以获得数据选择信息。

采伐后11~20年期间，全部伐区木材产品的碳储量变化量按公式（13）计算。注意，在这些地块上不再对采伐剩余物的碳排放进行其他计量核算。

$$\Delta C_{NET|BSL(11-20)} = \sum_{i=1}^{M} \sum_{p=1}^{P} A_{11-20,i,p} * (\Delta C_{WP100,i,p|BSL}/20) \qquad 公式（13）$$

式中：

$\Delta C_{NET|BSL(11-20)}$ 　　基准线情景下木材采伐第11~20年期间全部伐区碳储量变化量，$tC \cdot a^{-1}$

$\Delta C_{WP100,i,p|BSL}$ 　　碳层i伐区p，在木材采伐后存储在3~100年间氧化向大气中排放碳的木质林产品的碳储量变化，$tC \cdot hm^{-2}$

$A_{11-20,i,p}$ 　　碳层i伐区p中11~20年前进行木材采伐的森林面积，$hm^2$①

i 　　1，2，3 …M层

p 　　1，2，3 …P项目计入期内进行过木材采伐的林地地块

基准线情景下，全部伐区、所有年份的更新森林生长产生的碳汇量按照方程（14）计算。需注意的是，在这些地块上不再对采伐剩余物分解或木质林产品的碳排放进行量化。

$$\Delta C_{NET|BSL(1+)} = \sum_{i=1}^{M} \sum_{p=1}^{P} A_{i,p,t*} * (-\Delta C_{RG,i,p|BSL}) \qquad 公式（14）$$

式中：

$\Delta C_{NET|BSL(1+)}$ 　　基准线情景下，全部伐区采伐后在第t^*年时，更新森林生长引起的碳储量变化量，$tC \cdot a^{-1}$

$\Delta C_{RG,i,p|BSL}$ 　　碳层i伐区p采伐后更新森林生长引起碳储量变化量，$tC \cdot hm^{-2} \cdot a^{-1}$

$A_{i,p,t*}$ 　　截至时间t^*年，碳层i伐区p累计采伐面积，$hm^2$②

t^* 　　1，2，…10，自项目开始以来的时间，按年计算

---

① 参见不需要进行监测的数据和参数清单表（缺省值或可能测量过一次）以获得数据选择信息。
② 参见不需要进行监测的数据和参数清单表（缺省值或可能测量过一次）以获得数据选择信息。

| i | 1, 2, 3 …M 层 |
| p | 1, 2, 3 …P 项目计入期内进行过木材采伐的伐区 |

因此，自项目活动开始起，在基准线情景下，项目计入期内 t^* 年时，全部伐区碳储量变化量的计算公式为：

$$\Delta C_{NET\,BSL,t*} = \Delta C_{NET\,BSL(1)} + \Delta C_{NET\,BSL(2-10)} + \Delta C_{NET\,BSL(11-20)} + \Delta C_{NET\,BSL(1+)}$$

公式（15）

式中：

$\Delta C_{NET\,BSL,t*}$	自项目活动开始以来，基准线情景下，在 t^* 年时碳储量变化量，tC · a^{-1}
$\Delta C_{NET\,BSL(1)}$	基线情景下，采伐第 1 年内全部伐区碳储量变化量，tC · a^{-1}
$\Delta C_{NET\,BSL(2-10)}$	基准线情景下，采伐第 2 到 10 年期间全部伐区的碳储量变化量，tC · a^{-1}
$\Delta C_{NET\,BSL(11-20)}$	基准线情景下，采伐第 11 到 20 年期间全部伐区碳储量变化量，tC · a^{-1}
$\Delta C_{NET\,BSL(1+)}$	基准线情景下，全部伐区采伐后更新森林生长引起的碳储量变化量，tC · a^{-1}
t^*	自项目开始以来过去的年份，按年计算

基线情景下碳储量变化量即基线排放量，必须换算成温室气体排放量，计算公式为：

$$GHG_{NET\,BSL,t*} = \Delta C_{NET\,BSL,t*} \times \frac{44}{12}$$

公式（16）

式中：

| $GHG_{NET\,BSL,t*}$ | 自项目活动开始以来，基准线情景下，在 t^* 年时温室气体排放量，tCO$_2$e |

$\Delta C_{NET \mid BSL,\,t^*}$　　自项目活动开始以来，基准线情景下，在 t^* 年碳储量变化量，tC

44/12　　二氧化碳和碳的分子量之比

8.2 项目排放量

本节计算 $GHG_{NET \mid PRJ}$，项目情景温室气体排放量（项目排放量），单位 tCO_2e。

在项目情景下，实施 IFM 项目经营活动的温室气体排放量必须按照 VCS AFOLU 规定的微量允许（可以忽略不计微小排放）规则进行计算。

要求项目业主在提交的 VCS 项目设计文件（VCS-PD）中（作为文件的组成部分）说明在项目情景下，将要进行活动的类型和范围。

根据适用的条件，项目情景中不允许开展商业性木材采伐，因此植被管理和薪材采集活动所引起的碳储量变化量可以忽略不计。

因此，项目情景中的净温室气体排放等于森林干扰（非法采伐和自然灾害）所产生的任何排放，减去森林继续生长产生的碳汇量。

需要按照 8.2.2.1[①] 章节中的要求，分别在事前和事后估算出项目情景下自然干扰造成的排放量。

要按照 8.2.2.2a.[②] 章节中的要求，通过参与式乡村评估法（PRA），分别事先和事后对项目区内可能会发生的树木非法采伐进行评估。

今后所有核证、监测参数收集都应该包括有关自然干扰和非法采伐的数据，要按照 8.2.2 节 和 8.2.3 节中的公式计算。

本方法学并不要求项目业主估算项目情景中未发生干扰的森林生长所产生的碳储量变化。

然而，如果项目业主选择去测量项目情景下森林生长产生的碳储量变化量，则，必须按照 8.2.1 节中公式，在 VCS 项目描述文件中（VCS-PD）提供一个详细的抽样计划。

---

① 事先过火面积和自然干扰的排放量估算要依据项目地区历史上发生的森林火灾和自然干扰的实际情况。

② 如果认为在项目地界内，发生非法采伐的机率是零，那么在机构、人员和政策都到位的情况下，这个参数在事先可以设定为零。

8.2.1 项目情景下，森林继续生长产生的碳汇量

本节计算 $\Delta C_{AB,t|PRJ}$，在项目情景下，地上生物质碳储量年变化量，单位为 tCO_2e。

8.2.1.1 相对生长方程（生物量方程）

要为森林调查中的森林类型或树种组 j（例如，热带湿润森林和热带干旱森林）或者是每一个树种或属 j（以下称树种组）选择或拟合一个适合的相对生长方程，从而把森林调查中样地的乔木大小数据转换为乔木的地上生物量。

选择或开发材积方程都必须遵循 $f_j(x, y\ldots)$ 的标准描述。树种组 j 的材积或方程乔木地上生物量方程要以可测量的林木变量为依据。参见下面的参数一节。

8.2.1.2 测量

仅仅测量记录在基准线情景拟采伐的单株树的树种和所在的碳层。样地林木情况应适用于 8.2.1.1 中选定的相对生长方程的建模样本数据和最小胸径。

在项目期内，森林调查中使用的任何最小值都应该保持不变。

8.2.1.3 测定样地的碳储量

运用所选择的方程，代入 8.2.1.2 中样地林木各种调查因子，估算出样地中位于碳层 i、树种组 j 单株林木地上生物量。

因此，样地碳储量合计用下式计算：

$$C_{AB,j,i,t,sp|PRJ} = \sum_{l=1}^{Lj,sp,t} f_j(x,y\ldots) \times CF_j \qquad 公式(17)$$

式中

$C_{AB,j,i,t,sp|PRJ}$	项目情景下，样地 sp 树种 j 组在碳层 i、在时间 t 时的地上生物质碳储量，tC
CF_j	j 树种组的生物质含碳率，$tC(td.m)^{-1}$[①]
$f_j(x, y\cdots)$	根据测定的测树因子（如胸径、树高）采用 j 树种组材积方程和扩展因子或生物量方程计算林木地上生物量，$t\cdot$株$^{-1}$[②]
i	$1, 2, 3, \cdots M$ 层
j	$1, 2, 3 \cdots J$ 树种

---

① 参见不需要进行监测的数据和参数清单表（缺省值或可能测量过一次）以获得数据选择信息。

② 参见不需要进行监测的数据和参数清单表（缺省值或可能测量过一次）以获得数据选择信息。

l	$1, 2, 3, \cdots L_{j,i,t,sp}$碳层$i$样地$sp$树种组$j$在$t$时间的单株树序号
t	$0, 1, 2, 3, \cdots t^*$自项目开始以来过去的年份
sp	$1, 2, 3 \cdots$SP样地

8.2.1.4　测定各碳层碳储量

碳层i样地sp全部树木在时间t地上生物质碳储量的计算公式为：

$$C_{AB,i,t,sp \mid PRJ} = \sum_{j=1}^{J} C_{AB,j,i,sp \mid PRJ} \qquad\qquad 公式(18)$$

式中：

$C_{AB,i,t,sp \mid PRJ}$	项目情景下，碳层i样地sp全部树木在时间t的地上生物质碳储量，tC
$C_{AB,j,i,t,sp \mid PRJ}$	项目情景下，碳层i样地sp树种组j在t时林木地上生物质碳储量，tC
i	$1, 2, 3, \cdots$M层
j	$1, 2, 3 \cdots$J树种
t	$0, 1, 2, 3, \cdots t^*$自项目开始以来的年数

8.2.1.5　测定平均碳储量

单位面积每层地上生物质平均碳储量的计算公式为：

$$C_{AB,i,t \mid PRJ} = \frac{1}{SP} * \sum_{sp=1}^{SP} \left(\frac{C_{AB,i,t,sp, \mid RPJ}}{A_{sp}} \right) \qquad\qquad 公式(19)$$

式中：

$C_{AB,i,t \mid PRJ}$	碳层i在t年时的平均林木地上生物质碳储量，tC·hm^{-2}
$C_{AB,i,t,sp \mid PRJ}$	碳层i在t年时样地sp的林木地上生物质碳储量，tC
A_{sp}	样地sp面积，hm²[①]

---

① 参见不需要进行监测的数据和参数清单表(缺省值或可能测量过一次)以获得数据选择信息。

sp	$1, 2, 3 \cdots SP$ 样地号
i	$1, 2, 3 \cdots M$ 碳层
t	$0, 1, 2, 3 \cdots t^*$ 自项目开始以来的年数

8.2.1.6 计算碳储量变化量

在 t 年时，林木地上生物质碳储量年变化量，不同于两次抽样得到的平均林木地上生物碳储量。当用二氧化碳当量(tCO_2e)表示时，其计算公式为：

$$\Delta C_{AB,t|PRJ} = \left(\sum_{i=1}^{M} A_i \times \frac{\Delta C_{AB,i,t2|PRJ} - \Delta C_{AB,i,t1|PRJ}}{T} \right) \times \frac{44}{12} \qquad 公式(20)$$

式中：

$\Delta C_{AB,t|PRJ}$	项目情景下，t 年时，林木地上生物质碳储量年变化量，$tCO_2e \cdot a^{-1}$
$C_{AB,i,t|PRJ}$	碳层 i 在 t 时，林木平均地上生物质碳储量，$tC \cdot hm^{-2}$
A_i	碳层 i 的面积，hm^2
T	监测期 t_1 到 t_2 间的年数($T = t_2 - t_1$)，年数
i	$1, 2, 3 \cdots M$ 层
t	$1, 2, 3 \cdots t^*$ 自项目开始以来的年数
44/12	二氧化碳与碳的分子量之比

林木地上生物质碳储量年变化量（$\Delta C_{AB,t|PRJ}$）是本节的产出。它是计算项目排放量所必需的数据。

8.2.2 项目情景森林干扰

本节计算 $\Delta C_{DIST\_FR,t|PRJ}$，项目情景森林火灾造成的碳储量变化量，单位为 tCO_2e；$\Delta C_{DIST,t|PRJ}$，项目情景非森林火灾造成的碳储量变化量，单位 tCO_2e。

8.2.2.1 自然干扰

要求对发生在项目区内超过微量允许标准的所有自然干扰造成的温室气体排放活动进行监测。

自然干扰排放估算必须根据干扰具体事件进行计算。森林火灾造成的干扰使用 8.2.2.1a 中的公式计算。非森林火灾（例如，风灾、病害、虫害等）造成的干扰使用 8.2.2.1b 节中公式计算。

8.2.2.1a　自然干扰—森林火灾

对于森林火灾造成的损失，假定发生在项目情景下的森林火灾可能在基线情景下也发生。所以，项目排放量等于火灾损失了在基线情景（林木被采伐和运出伐区）不存在但在项目情景中存在的生物量。

事后项目区发生火灾的地方，必须把过火区域准确测量勾绘出来。

因此，按照 IPCC 2006 温室气体清单指南中的规定，须按如下公式计算生物质燃烧产生的温室气体排放量：

$$\Delta C_{DIST-FR,t \mid PRJ} = \sum_{i=1}^{M} A_{burn,i,t} \times B_{i,t \mid PRJ} \times COMF_i \times G_{g,i} \times 10^{-3} \times GWP_{CH_4} \qquad 公式（21）$$

式中：

$\Delta C_{DIST\_FR,t \mid PRJ}$	在 t 年，由森林火灾干扰产生的温室气体排放量，$tCO_2e \cdot a^{-1}$
$A_{burn,i,t}$	t 年时碳层 i 过火面积，$hm^2$①
$B_{i,t \mid PRJ}$	t 年时碳层 i 发生火灾前在项目情景中存在但在基线情景中不存在的平均地上生物量，$t \cdot hm^{-2}$
$COMF_i$	碳层 i 燃烧因子，无量纲②
$G_{g,i}$	碳层 i 甲烷排放因子，g/kg③
GWP_{CH_4}	甲烷全球增温潜势（IPCC 缺省值：21），tCO_2e/tCH_4
i	1，2，3…M 碳层
t	1，2，3，… t^* 自 IFM 项目活动开始以来的年数

某一个特定碳层发生火灾前在项目情景下存在但在基线情景不存在的平均地上生物量，须按如下公式计算：

---

① 参见使用在参数清单表中的数据和参数，得到数据选择资料。

② 参见不需要进行监测的数据和参数清单表（缺省值或可能测量过一次）以获得数据选择信息。

③ 参见不需要进行监测的数据和参数清单表（缺省值或可能测量过一次）以获得数据选择信息。

$$B_{i,t \mid PRJ} = \sum_{j=1}^{J} (V_{EX,i,j \mid BSL} \times BCEF_R) \qquad \text{公式（22）}$$

式中：

$B_{i,t \mid PRJ}$
　　t 年时碳层 i 发生火灾前在项目情景中存在的但在基线情景中不存在的平均地上生物量，$t \cdot hm^{-2}$

$V_{EX,j,i \mid BSL}$
　　基线情景下碳层 i 树种 j 单位面积平均商品材采伐量，$m^3 \cdot hm^{-2}$

$BCEF_R$
　　生物量转换与扩展因子，用于将项目区采伐的蓄积量换算为林木地上生物量，$t \cdot m^{-3}$[①]

i
　　1，2，3 …M 层

j
　　1，2，3 …J 树种

t
　　1，2，3，… t^* 自 IFM 项目活动开始以来的年数

8. 2. 2. 1b　自然干扰—非森林火灾

对于非森林火灾干扰，假定项目情景下发生的一个干扰事件也发生在基线情景中。因此，项目排放量等于非火灾干扰损失了在基准线情景（林木被采伐和运出伐区）不存在但在项目情景存在的生物量。

可以保守地假定自然干扰就是林分更替干扰，并且自然干扰（$\Delta C_{DIST,t \mid PRJ}$）产生的生物量变化量在干扰当年排放。

在项目区事后发生非森林火灾的自然干扰时，受干扰区域必须在图上勾绘来。

$$\Delta C_{DLST,t \mid PRJ} = \sum_{j=1}^{J} \left(A_{dist,i,t} * \sum_{i=1}^{M} C_{AB,j,i \mid BSL} \right) * \frac{44}{12} \qquad \text{公式（23）}$$

式中：

$\Delta C_{DIST,t \mid PRJ}$
　　在 t 年时，非森林火灾自然干扰产生的温室气体排放量，$tCO_2e \cdot a^{-1}$

$A_{dist,i,t}$
　　在 t 年时，碳层 i 的受干扰面积，hm^2[②]

---

① 见不需要进行监测的数据参数清单表（缺省值或可能测量过一次）。
② 参见监测数据清单中使用的数据和参数，得到数据选择资料。

$C_{AB,j,i\|BSL}$	基线情景下 碳层 i 树种 j 单位面积平均地上生物质碳储量，$tC \cdot hm^{-2}$
44/12	二氧化碳和碳的分子量之比
i	1, 2, 3 …M 层
j	1, 2, 3 …J 树种
t	1, 2, 3, … t^* 自加 IFM 项目活动开始以来的年数

8.2.2.2　非法采伐

要求对发生在项目区内（$\Delta C_{DIST\_IL,i,t\|PRJ}$）超过微量允许标准之上的所有非法采伐产生的温室气体排放进行监测。

在本方法学批准的时候，使用光学传感器的遥感技术还不能直接测量生物量及其变化量[①]，不过具有识别生物量发生变化的林地类型的能力。[②]

在本方法学批准的时候，还没有远距离监测非法采伐的方法，所以必须采用地面调查法。

8.2.2.2a　参与式乡村评估(PRA)

必须完成项目区周边的参与式乡村评估，以判断在项目区内是否可能发生非法采伐。假如评估的结论是没有发生非法采伐的可能性，则非法采伐（$\Delta C_{DIST\_IL,i,t\|PRJ}$）可以设定为零，也没有必要进行监测。

必须每两年进行一次项目周边的参与式乡村评估。

8.2.2.2b　抽样调查

假如 PRA 评估的结论是有可能会发生非法采伐，则必须在一定的林地里做抽样调查。

通过参与式乡村评估方法确定这些有可能发生非法采伐的区域（$A_{DIST\_IL,i}$）。项目区使用的距离为非法采伐者可能使用全部通道以及缓冲进

[①]　诚然，技术发展很快，各种技术包括雷达、合成孔径雷达、激光雷达。

[②]　例如，可以用一个多时相遥感数据探测树冠的结构变化。各式各样的技术手段，例如可以在本方式汇总运用光谱混合分析（Souza et al. 2005），或合成孔径雷达，激光雷达等。但本方法学不介绍某一特有的技术。某些较新的技术可以用来估算森林类型的碳含量。可以用样地的外业数据校准技术手段。野外作业可以做出关键树种的材积方程或生物量方程。项目业主应该采用那些适合自己特有条件的技术手段以及同行专家们发表的论文。

入点(例如道路和河流、过去皆伐的空地)。

有可能发生非法采伐的面积($A_{DIST\_IL,i}$),从项目区全部入口通道(例如道路和河流、过去皆伐的林地)中选择一个通道缓冲带为基础,其宽度等于非法采伐侵入的距离。

必须对非法采伐面积 $A_{DIST\_IL,i}$ 进行抽样调查。方法是对所有已知的通道—缓冲区域(其面积至少是 $A_{DIST\_IL,i}$ 的1%)基于可能的长度和宽度抽取数个样带进行调查,以确定是否有非法采伐后留下的新伐桩。如果调查中发现有树木被非法采伐的证据,则应该使用 CDM 显著性评估工具①,以判断非法采伐产生的影响是否显著。

在使用 CDM 工具论证后得出的结论是非法采伐影响程度小时,此项可以设定为零,也没有必要进行监测。

参与式乡村评估中每当发现有非法采伐的可能时,都要重复进行有限的抽样调查。

如果有限的抽样调查提供了在缓冲区有树木被盗伐的证据,这时需要制定一个详细的抽样调查计划,进行系统抽样调查。抽样计划要将样地系统地布局在整个缓冲区,抽样面积不少于可能发生非法采伐区域面积($A_{DIST\_IL,i}$)的 3%。

要测定全部被非法采伐林木的伐桩的直径,可以保守地认定它就是树木的胸径。如果伐桩很粗大,要测定该伐桩旁边同类树种的几株树,得出地面同一高度上胸径与伐桩的直径之比。这个比值用于基于被测量(非法采伐留下的)伐桩的直径来估算被非法采伐林木的合适胸径。

要使用适用于项目情景下森林生长的相对生长回归方程,估算出每株被非法采伐林木的地上生物质碳储量②。被采伐树木的平均地上生物质碳储量($C_{DIST\_IL,i,t\backslash PRJ}$)可以保守地估算为总排放量。因而也是进入大气中的全部排放量。

抽样程序必须每5年进行一次。把总排放量除以5,即是每年的排放量。

在参与式乡村评估中或有限的抽样调查中没有出现非法采伐时:

$$\Delta C_{DIST-IL\backslash PRJ} = 0$$

如果参与式乡村评估和有限的抽样调查中发现有森林退化情况时,则非

---

① http://cdm.unfccc.int/EB/031/eb31_repan16.pdf

② 如果使用树种—特定方程,而又不能从伐桩中确定林木的树种,此时可以假设为被采伐的树种为最常见的采伐树种。采用参与式评估确定最常见的采伐树种。

法采伐造成的碳储量变化量的计算公式为：

$$\Delta C_{DIST-IL,t|PRJ} = \sum_{i=1}^{M} \left(A_{DIST-IL,i} \times \frac{C_{DIST,i,t|PRJ}}{AP_i} \right)$$

公式（24）

式中：

$\Delta C_{DIST-IL,t|PRJ}$	t 年时非法采伐造成的碳储量变化量，$tCO_2e \cdot a^{-1}$
$A_{DIST-IL,i}$	碳层 i 中可能发生非法采伐的面积，$hm^2$①
$C_{DIST-IL,i,t|PRJ}$	t 年时碳层 i 被非法采伐林木地上生物质碳储量，tCO_2e
AP_i	碳层 i 中被非法采伐样地的总面积，$hm^2$②
i	1，2，3…M，项目中的碳层
t	1，2，3，… t 自 IFM 项目活动开始以来的年数

8.2.3　项目排放量

本节计算 t 年份时项目情景净温室气体排放量（下简称项目排放量）$\Delta C_{NET,t|PRJ}$，单位是 tCO_2e。

项目排放量等于森林火灾和非森林火灾干扰产生的温室气体排放量之和，加上非法采伐引起的碳储量变化量，减去森林生长产生的林木地上生物质碳储量年变化量。

于是，t 年时项目排放量的计算公式为：

$$\Delta C_{NET,t|PRJ} = \left(\Delta C_{DIST-FR,t|PRJ} + \Delta C_{DIST,t|PRJ} + \Delta C_{DIST-IL,t|PRJ} \right) - \Delta C_{AB,t|PRJ}$$

公式（25）

式中：

$\Delta C_{NET,t|PRJ}$	t 年时项目排放量，$tCO_2e \cdot a^{-1}$
$\Delta C_{DIST\_FR,t|PRJ}$	t 年时火灾干扰产生的温室气体排放量，$tCO_2e \cdot a^{-1}$
$\Delta C_{DIST,t|PRJ}$	t 年时非火灾自然干扰产生的温室气体排放量，$tCO_2e \cdot a^{-1}$

---

① 参见监测数据清单中使用的数据和参数，得到数据选择资料。
② 参见监测数据清单中使用的数据和参数，得到数据选择资料。

$\Delta C_{DIST\_IL,t \mid PRJ}$ t 年时非法采伐产生的温室气体排放量，$tCO_2e \cdot a^{-1}$

$\Delta C_{AB,t \mid PRJ}$ t 年时林木地上生物质碳储量年变化量，$tCO_2e \cdot a^{-1}$

t 1，2，3，… t^* 自 IFM 项目活动开始以来的年数

自项目活动开展以来，项目排放量的累计值计算公式为：

$$CHG_{NET \mid PRJ} = \sum_{t=1}^{t^*} \Delta C_{NET,t \mid PRJ} \qquad 公式（26）$$

式中：

$GHG_{NET \mid PRJ}$ 自项目活动开展以来，累计项目排放量，tCO_2e

$\Delta C_{NET,t \mid PRJ}$ t 年时项目排放量，$tCO_2e \cdot a^{-1}$

t 1，2，3，… t^* 自 IFM 项目活动开始以来的年数

8.3 泄漏量

8.3.1 活动转移泄漏

活动转移也不一定会造成泄漏。

如果项目业主在本国管控多块林地，则项目业主须提交森林经营计划和/或他们所控制土地的指定用途文件，证明他们所经营的其他地块的活动没有因现在拟议项目而发生实质性改变（如获取用于采伐木材的新林地的特许权，或者是在已经处于其管理的木材采伐地内增加采伐量）。原因是此类改变会导致碳储量减少或温室气体排放量增加。

通过以下材料进行论证：

（1）展示木材采伐量动态情况的历史记录，同时对应搭配显示项目进行期间没有改变这些历史记录的材料；

（2）在项目开始前 24 个月或 24 个月以上准备的森林经营计划，展示其全部所有的或管理的林地上的采伐计划，同时搭配显示项目进行期间没有偏离森林经营计划的材料。

在每次核查时，提交的文件要包括项目业主管控的可能发生泄漏的其他土地，最少应该包括地理位置、面积、目前土地利用类型和经营管理计划。

在发生活动转移的情况下，或者是项目业主不能够在第一次和稍后的核证时提交必需的文件，项目就不符合核证要求。项目必须遵循 VCS AFOLU

指南文件中有关项目开始后未能定期提交核证报告的规定。这时，项目业主可以选择提交今后核证用的变通的方法学以解决活动转移造成的泄漏。

　　在项目业主仅仅控制项目区的资源使用，而不涉及到其他森林资源情况下，唯一要计算的泄漏排放是由于项目活动引起的市场效应造成的泄露。

8.3.2　市场泄漏

　　市场效应引起的泄漏量等于基线情景下的计划木材采伐活动产生的净排放量（基线排放量）乘以一个恰当的泄漏系数：

$$GHG_{LK\backslash LtPF,t*} = LF_{ME} \times GHG_{NET\backslash BSL,t*} \qquad\qquad 公式（27）$$

式中：

$GHG_{LK\backslash LtPF,t*}$	自项目开展以来，在 t^* 年时 IFM 项目活动产生的总市场泄漏量，tCO_2e
LF_{ME}	市场泄漏系数，无量纲
$GHG_{NET\backslash BS,t*}$	自项目开展以来，在 t^* 年时基线排放量，$tCO_2e \cdot a^{-1}$

　　确定泄漏系数时（见框图2），要考虑由于项目木材供应的减少造成国内采伐量的增加。

　　假如在该项目区内商品材生物量与总生物量的比值较高，那么项目情景下因为项目木材减少而有可能造成其他地区额外的木材采伐。

　　泄漏系数可以在事前定义为一个介于0和1之间无量纲数值。这个泄漏系数是在比较基准年所有森林类型中商品的生物量与总生物量的比值，和国内木材采伐有可能发生转移的森林中的商品材生物量与总生物量的比值的基础上确定的。

框图2　泄漏系数的计算

　　确定泄漏系数时，要考虑到由于项目木材供应量的减少而造成国内采伐量的增加的因素。假如可能被采伐的那些区域的商品材材积生物量与总生物量的比值高于项目区，那么按比例而言它的泄漏会低一些，反之亦然。

　　如果能够证明，东道国没有再分配新的特许权（森林采伐权），和在现有的国家特许权中也不会增加年度采伐量，并且在该国也不存在非法采伐（或微不足道），那么在该国边界内就没有市场效应泄漏。即，泄漏系数 $LF_{ME}=0$

泄漏总量要根据这个国家采伐的森林不动产可能被转移的情况来确定。如果木材采伐被转移到的森林地块与项目区相比，其可采伐树种的商品材生物量比例较低，那么为了获得预定的商品材材积量，可以想象到需要采伐更多树木来提供同样的商品材材积。

与此相反，如果在被转移到的森林地里，其采伐树种的商品材生物量占总生物量的比例较项目区商品材的大，那么转移采伐森林面积会更小，排放也会更低。

因此，每个项目都要计算每层中商品材生物量与总生物量的比值（PMP_i）。然后与转移采伐的每一个森林类型的商品材生物量和总生物的比值（PML_{FT}）做比较。

需要使用下列折扣系数（LF_{ME}）：

$$PML_{FT} = (1 \pm 15\%) \times PMP_i \qquad\qquad LF_{ME} = 0.4$$

$$PML_{FT} < (85\% \times PMP_i) \qquad\qquad LF_{ME} = 0.7$$

$$PML_{FT} > (115\% \times PMP_i) \qquad\qquad LF_{ME} = 0.2$$

式中：

PML_{FT} 平均商品材生物量与该森林类型林木地上生物量的比例，%

PMP_i 项目边界内碳层 i 商品材生物量与林木地上生物总量的比例，%

LF_{ME} 计算市场效应的泄漏系数，无量纲。

相对于 PML_{FT} 而言，PMP_i 存在很大的变数，从而导致多样化的 LF_{ME} 数值，所以 LF_{ME} 终值需要用面积加权平均数进行计算。计算方法是：用 i 层面积占项目区总面积的比例乘以 LF_{ME}，然后将所有数值相加，得出 LF_{ME} 的面积加权平均数。

8.4 项目减排量

对实施将用材林转变为保护林的 IFM 项目而言，掌握计算基线情景和项目情景及泄漏产生的温室气体排放量，就可以在项目计入期内每一年年底事先估算项目减排量。

项目碳信用指标（累计值）可用以下公式计算：

$$GHG_{CREDITS\mid LtP,t*} = GHG_{NET\mid BSL,t*} - GHG_{NET\mid PRJ,t*} - GHG_{LK\mid LtP,t*} \qquad 公式（28）$$

式中：

$GHG_{CREDITS\mid LtPF,t*}$ 项目情景下，自项目活动开始以来，在 t^* 年时，实施改进森林经营活动的项目碳信用指标，tCO_2e

$GHG_{NET\mid BSL,t*}$ 自项目活动开始以来，在 t^* 年时基线排放量，tCO_2e

$GHG_{NET\mid PRJ,t*}$ 自项目活动开始以来，在 t^* 年时项目排放量，tCO_2e

$GHG_{LK\mid LtPF,t*}$ 自项目活动开始以来，在 t^* 年时，由于实施森林营林活动产生项目边界外的泄漏量，tCO_2e

8.4.1　项目核证碳减排量

项目计入期内 t 年时的项目核证碳减排量（VCUs）的数量要按照不确定性和风险进行调整。

8.4.1.1　不确定性调整

估算的改进森林经营项目温室气体排放量和减排量，具有与参数和系数相关的不确定性。这些不确定性包括来自面积、碳储量、森林继续生长量以及生物量扩展因子的估算值的不确定性。假定计算这些不确定性的数据是可以获得的，不是使用最新的 IPCC 指南给出的不确定性的缺省值，就是使用抽样统计的估计值。

始终将不确定性定义为可靠性95%时估计的变动超过平均值的 ±15% 的情景。采用分层抽样和布设足够多的调查样地的程序，就可以保证低不确定性的结果，最终能够获得全部的信用指标。

在早些阶段就考虑不确定性是个好的做法。这样可以找出不确定性最大的数据源，从而有机会为减少不确定性开展进一步工作。

对碳库和温室气体的测量和监测产生的不确定性通常须进行量化。每个碳库中的误差都必须用该碳库大小（权重）进行加权。这样项目就可以合理地允许这些仅仅构成总碳储量一小部分的碳库的精度低一些。

不论是基线情景还是项目情景案例，总的不确定性等于每个组成部分不确定性平方和的平方根。在报告时，总的不确定性通过传播基线碳储量的误差和项目碳储量的误差进行计算。

因此，将用材林转为保护林的森林经营项目的总的不确定性的计算公式为：

$$U_{TOTAL|LtPF} = \sqrt{U^2_{|PRJ} + U^2_{|BSL}} \qquad \text{公式}(29)$$

式中：

$U_{total|LtPF}$　　将用材林转为保护林的 IFM 项目的总的不确定性，无量纲

$U_{|PRJ}$　　在项目情景下改进森林经营活动的总的不确定性，无量纲

$U_{|BSL}$ 在基线情景下总的不确定性，无量纲

在 VCS-PD 文件中，项目业主需要论证不确定性传播的选择。如果总的不确定性 $U_{total|LtPF} \leqslant 0.15$，则不用因不确定性对碳信用数量进行扣减。

如果 $U_{total|LtPF} > 0.15$，则要按照下面的公式，扣减与 IFM 活动有关的碳信用的数量：

$$Credits_{total|LtPF} = GHG_{credits|LtPF} \times (1 - U_{total|LtPF}) \qquad\qquad 公式（30）$$

式中：

$Credits_{total|LtPF}$ 在项目计入期内每年（t 年）经不确定性调整后的总的碳信用指标

$GHG_{credits|LtPF}$ 在项目情景下，与实施 IFM 活动有关的项目碳信用指标，$tCO_2e \cdot a^{-1}$

$U_{total|LtPF}$ 将用材林转为保护林的 IFM 项目的总的不确定性，无量纲

8.4.1.2 计算核证碳减排量

按照上面 8.4.1.1 中的公式估计出碳信用指标数量必须根据风险进行调整。

碳信用指标数量必须根据最新版本的有关 VCS AFOLU 非持久性风险分析和缓冲测定工具进行扣减。

在时间 $t = t_2$（核证当日）时，监测期（$T = t_2 - t_1$）内能够发放核证碳减排量的数量的计算公式为：

$$VCU_{net|LtPF} = (Credits_{total,t2|LtPF} - Credits_{total,t1|LtPF}) - Bu_{|IFM-VCS} \qquad 公式（31）$$

式中：

$VCU_{net|LtPF}$ 核证碳减排量的数目，无量纲

$Credits_{total,t1|LtPF}$ $t^* = t_1$ 时，项目碳信用总量，单位 tCO_2e

$Credits_{total,t2|LtPF}$ $t^* = t_2$ 时，项目碳信用总量，单位 tCO_2e

$Bu_{|IFM-VCS}$ 扣留在 VCS 缓冲账户中总的碳信用指标数量

9 监测程序

9.1 不需要监测的数据和参数（在审定时可以获得的）

除了下面各表中列出的参数外，本方法学中提到工具中不需要监测的数据和参数的条文也适用。在选择重要参数时，或根据那些不是直接和项目环境情况有关的信息做出重要假设时，例如使用已有出版物上的数据，项目业主都要遵循保守性原则。就是说，假如一个参数的不同取值都貌似可信，那么就要选择不会导致过高估计项目碳减排量的参数值。

数据/参数	$V_{l,j,i,sp}$
数据单位	m^3
应用的方程编号	（1）
描述	样地 sp，碳层 i，树种 j，树号 l 林木的材积
数据源	按照材积表或用材积公式计算，通过用胸径（*DBH*，典型值为地面以上 1.3 米处的直径），和/或商品材树高（*MH*）。样地中大于采伐计划确定的最小胸径的林木的商品材材积；如果没有当地的材积公式或木材采伐获表可用，可以使用相关地区、国内的。或使用来自 IPCC 文献，国内森林资源调查报告，或者同行专家发表的研究报告—例如 GPG-LU-LUCF 优良做法指南（IPCC 2003）中 4. A. 1 到 4. A. 3 表中的缺省公式。
测定步骤（如有）	不适用
评论意见	有必要验证所使用方程的适用性。可从两种方面来验证材积方程的适用性： 1. 验证公式的适用条件 要论证在项目地点采用的公式的适用性。这种论证应包括识别项目所在地与建立该公式所在地点的气候、土壤、地理和分类上的相似程度。所有使用的公式需要有一个大于 0.5（50%）的决定系数 R^2 和一个显著的 p 值（在 95% 置信度时，< 0.05）。 2. 额外的样地验证 外业核实需要使用以下调查方法步骤： （1）每个树种选至少选 10 株样木，涵盖所有年龄范围（但小于 15 年树龄的林木不包括在内，因为很少见到方程中有大的相对误差）； （2）测量胸径，和到直径 10cm 处的树高或第一分枝处高度（枝下高）； （3）根据测量数据计算树干材积； （4）把所有实测样木的材积标绘在预测材积（用材积方程计算）与胸径关系曲线图上。 如果样木材积数值分布在曲线（如材积公式预测）的上面和下面，则可以使用这个公式。假如单株样木材积一致大于预测的材积时，也可以使用这个公式。假如超过 75% 样木材积值都小于曲线的预测值，则不能使用这个公式。在这种情况下，要选用其它公式。

数据/ 参数	CF_j
数据单位	$tC \cdot t^{-1}$
应用的方程编号	(3)，(4)，(17)
描述	j 树种的生物质含碳率
数据源	可以用缺省值 $0.5\ tC \cdot t^{-1}$，也可以用文献中的对应树种的数值。但是，凡是在使用该数值时都必须保证参数使用的统一性。
测定步骤（如有）	不适用
评论意见	

数据/ 参数	D_j
数据单位	$t \cdot m^{-3}$
应用的方程编号	(4)
描述	j 树种的基本木材密度，单位为 $t \cdot m^{-3}$
数据源	须按以下从更高到较低的优先次序选择数据源： (a) 国内特指树种或树种组的值（如查阅国家温室气体清单）； (b) 周边国家类似条件下的特指树种或特指树种组的数值。当周边国家的特指树种的数据质量比较好，又更能代表项目情景下的树种时，采用这些值比使用质量较低的本国数据会更好； (c) 国际上用的特指树种或特指树种组的参数（例如，2006 年 IPCC 国家温室气体清单指南农业林业和其他土地利用第四章表 4.13 和 4.14 中的数据）。 由于不一定总能找到特指树种的木材密度，并且在湿润的热带地区树种复杂多样的森林里也很难确定无疑地使用这些参数。因此，可接受的做法是引用为该地区森林类型、植物科属和树种组研发的木材密度参数。
测定步骤（如有）	不适用
评论意见	只要 IPCC 出版了新的指南，就要及时更新缺省值。

数据/ 参数	$f_j(x, y \ldots)$
数据单位	$t \cdot 株^{-1}$
应用的方程编号	(17)
描述	j 树种的生物量方程，用于将林木的测树因子换算为活立木地上生物量。
数据源	拟合方程，至少需要 30 株样木，并且所使用的测树因子（如树高、胸径，等）的范围要大。拟合的方程须达到统计学上的回归显著性水平，且相关指数 $R^2 \geqslant 0.8$。 选择公式须按以下从由高到低的优先次序，尽可能去找，诸如： (a) 本国树种，属，科； (b) 类似条件的周边国家（即，广义的大陆地区）的树种属，科，特有森林类型；

（续）

数据源	（c）国家的特有森林类型； （d）类似条件的周边国家（即，广义的大陆地区）特有森林类型； （e）GPG-LULUCF（IPCC 2003）表4.A.1到4.A.3中提供的特有森林类型； 或《土地利用，土地利用变化和林业项目指南》（Pearson, T., Walker, S. and Brown, S. 2005），"温洛克国际和世界银行生物碳基金" 57pp.； 或"热带森林树木材积方程或生物量方程和改进碳储量估算和碳平衡估算" Oecologia 145：87－99, Chave, J., C. Andalo, S. Brown, M. A. Cairns, J. Q. Chambers, D. Eamus, H. Folster, F. Fromard, N. Higuchi, T. Kira, J. -P. Lescure, B. W. Nelson, H. Ogawa, H. Puig, B. Riera, T. Yamakura. 2005 不一定有所有树种、属和特指科的相应方程。并且在湿润热带树种丰富的森林里有时也很难确定无疑的使用方程。因此，可接受的做法是使用为该地区森林类型开发的方程，前提是其准确度遵循下列指南采用直接的特指外业样地数据进行过验证。假如使用了某一森林类型的特定公式，就不能与特定树种的方程组合使用（即，它必须用于全部树种①）
测定步骤（如有）	不适用
评论意见	有必要验证所用方程的适用性。要对建立方程的源数据进行审查，并确认对项目中森林类型/树种和自然条件具有代表性，而且覆盖了潜在的自变量取值范围。 相对生长方程可用两种方式进行验证： 1. 有限的测量 至少选择30株样木（如果是验证特指森林类型的方程，要选择那些能够代表项目区内树种组成的林木，即树种的代表性大致与其断面积成比例）。样木的最小胸径须在20cm以上，最大胸径要能反映项目区内（和/或泄漏带）现在或未来的最大的树木； 测量胸径和到直径10cm处的树高或第一分枝处高度（枝下高）； 采用测量数据计算树干材积，乘以特指树种的木材密度，得到树干生物量； 使用生物量扩展因子，将树干生物量转化为地上生物量②； 把所有实测样木的地上生物量绘制在预测生物量（用生物量方程预测）与胸径关系曲线图上。 如果样木生物量分布在曲线（如生物量议程公式预测）的上面和下面时，则可以使用这个方程。假如样木生物量，其值一贯高于方程的预测值，这时也可以使用这个方程。假如大于75%样木生物量小于曲线预测值，则需要使用破坏性抽样进行检验或选用其它方程。

---

①　特指森林类型和泛热带方程通常不包括棕榈树种和树干中空的树种（例如，伞树科）。所以需要为这些树种开发特定公式。

②　参见 IPCC 2006 INV GLs AFOLU 第4章表格4.

（续）

评论意见	2. 破坏性抽样 至少选 5 株林木（如果是验证特定森林类型的方程，要选择具有代表项目区树种组成的树种，树种的代表性大致与其断面积成比例），它们目前在项目区处于变量取值范围的上限的林木； 测量胸径和商品材高度。并使用将商品材积转换为地上生物量相同的步骤和公式的计算材积； 伐倒和称地上生物量的重量，并确定树干、树枝、枝条、树叶等分量的总量（湿）重。 抽取并立刻对每个树干和树枝各组成部分的样品进行称重。之后，在 70 摄氏度的烘箱中进行干燥以测定干重； 确定每株树从湿重变干后的总干重量，得出树干和树枝各组成部分干、湿重量平均比率； 将实际调查样木生物量数据的绘制在预测生物量与胸径关系曲线图上。 如果实测样木的生物量既有分布在曲线（如生物量议程中预测值）上的，又有在曲线下的，则可以使用这个方程。假如样木生物量，其值一致高于方程的预测值，这时也可以使用这个公式。假如 >75% 样木生物量小于方程的预测值，则需要选用其它方程。 破坏性抽样具体见下列文件： Brown, S. 1997, 热带森林生物量和生物量变化估算：初级读本. 粮农组织林业文件 134, 意大利, 罗马。 查询网址 http://www.fao.org/docrep/W4095E/W4095E00.htm 如果在监测过程中使用特定树种方程遇到一个新的树种，此时一定要从文献资料中溯本求源，找到新的生物量方程并进行验证。必要时，要按照上面的要求和程序进行验证。 缺省值要按 IPCC 出版的最新指南及时更新。

数据/参数	$BCEF_R$
数据单位	$t \cdot m^{-3}$
应用的方程编号	（3）（22）
描述	生物量转换与扩展因子，用于将项目区采伐的材积换算为地上生物量
数据源	选择数据源要遵照以下要求，按照从高到低的优先次序进行选择： （a）现有的当地特定森林类型； （b）国内特定树种或特定生态地区的数值（如，查阅国内的温室气体清单）； （c）周边国家类似条件下的特定树种或特定生态地区的数值。有时（c）比（b）更好； （d）全球特定的森林类型或生态地区的数值（如，IPCC 2006，国家温室气体清单指南农业、林业和其他土地利用第 4 章表 4.13 和 4.14 的数据）。 也可另外选择： $BCEF_R = BEF \times D$

（续）

数据源：	当 $BCEF_R$ 值不能直接获取时，可以用生物量扩展因子（BEF）乘以基本木材密度（D）计算。 使用这个公式需要小心，因为基本木材密度和生物量扩展因子具有相关性。假如使用相同的树木样本去确定 D，BEF 或 $BCEF$，不会导致误差，这种情况下使用这个公式是可以接受的。但是，假如基本木材密度不确定性高时，将一个树种的基本木材密度换算成另一个树的基本木材密度会导致错误。原因是 $BCEF_R$ 包括着一个具体的但不确定的基本木材密度。因此，所有的生物量转换与扩展因子都必须推导核实或者验证他们的在当地的适用性。
测定步骤（如有）	不适用
评论意见	缺省值要按 IPCC 出版的最新指南及时更新。

数据／参数	G_{gi}
数据单位	g/kg
应用的方程编号	(21)
描述	碳层 i 气体甲烷的排放因子
数据源	缺省值 可以查阅 IPCC 2006 国家温室气体清单指南第 4 卷第 2 章 表 2.5
测定步骤（如有）	不适用
评论意见	缺省值要按 IPCC 出版的最新指南及时更新。

数据／参数	OF，SLF，WW
数据单位	Kg／kg
应用的方程编号	(7)，(9)
描述	OF 为木材生产后第 3 年到 100 年间向大气排放碳的 k 类木质林产品的比例； SLF 为木材生产后 3 年内向大气排放碳的短寿命木材产品碳库的比例； WW 为木材生产过程中，立即排放碳到大气中木材废料的比例。 木材废料比例（WW）： Winjum et al 1998 等文献中表明，商品材生产过程中被氧化的废料占采伐量比例（燃烧或腐烂），发达国家为 19%，发展中国家为 24%。 短寿命林产品排放系数（SLF） Winjum et al 1998 给出短寿命木材产品的衰减率，转换成短寿命（<3 年）林产品使用（适用于各国）如下： 锯木 0.12 人造板 0.06

（续）

描述	其他工业原木 0.18

其他工业原木 0.18
纸和纸板 0.24
其他的氧化系数（*OF*）
Winjum et al 1998 为每一类木产品按照森林区域（寒带、温带和热带）提供了年氧化系数。本方法学提供了超过 95 年的氧化系数，以给出从木材采伐开始后第 3 ~ 100 年期间的被氧化的额外部分：

木产品类别	氧化系数（*OF*）		
	寒带	温带	热带
锯木	0.39	0.62	0.86
人造板	0.62	0.86	0.98
其他工业圆木	0.86	0.98	0.99
纸和纸板	0.39	0.62	0.99

数据源	数据源见 J. K. Winjum 等（1998）发表的文章①
测定步骤（如有）	不适用
评论意见	

数据/参数	*PML*$_{FT}$
数据单位	%
应用的方程编号	第 8.3.2 节—泄漏，方框图 2.
描述	某一森林类型平均商品材生物量与该类型总林木地上生物量的比例。
数据源	数据源必须按照以下从高到低的优先顺序选择： （a）同行专家审查过的文章（包括碳/生物量分布图/或至少 1 公里尺度内立木蓄积量分布图②）； （b）政府的官方数据和统计资料； （c）外业原始调查数据。 考虑的森林类型只能够是那些与特指市场泄漏相关的森林类型，即，正在进行木材生产的森林类型。 恰当的数据源应该是政府部门关于商品林区年森林采伐限额的记录。 当用蓄积量作为数据源时，要求使用木材密度将其换算成商品材生物量。基本木材密度的数据源必须分树种选择相应参数，D_j。
测定步骤（如有）	
评论意见	

① 森林采伐和木质林产品：大气层中二氧化碳的源和汇．森林科学 44（2）：272 - 284
② 需使用木材密度/特指比重将蓄积量换算为商品材生物量。需要使用加权木材密度，将多种树种立木蓄积量转化成商品材生物量。

数据／参数	RGR_i
数据单位	$tC \cdot hm^{-2} \cdot a^{-1}$
应用的方程编号	（10）
描述	碳层 i 采伐木材后的林分生长量
数据源	可按下列 3 种方式中任何 1 种方式计算采伐后的林分生长量： （a）使用来自参照样地的数据，可以测量一个年龄序列样地的蓄积量； （b）已发表的、与项目区内森林类型相同的采伐后森林生长量数据； （c）IPCC 天然林地上生物量生长量的缺省值。①
测定步骤（如有）	
评论意见	缺省值必须根据 IPCC 出版的最新指南及时更新。

数据／参数	$V_{EX,j,i|BSL}$
数据单位	$m^3 \cdot hm^{-2}$
应用的方程编号	（3），（4），（22）
说明	基线情景下碳层 i 树种 j 单位面积商品材采伐量
数据源	按照法律规定，木材采伐计划依据森林资源调查得到的商品材蓄积量（$V_{j,i|BSL}$）确定平均允许的木材采伐量。
测定步骤（如有）	无
评论意见	

数据／参数	$TH_{i,p}$
数据单位	年
应用的方程编号	
描述	伐区 p 碳层 i 木材采伐后的年份
数据源	木材采伐进度表确定的年份（1，2，3…）。每块林地上的木材采伐作业是按进度表规定时间进行的。每块林地年份数代表着项目计入期内采伐后状态。
测定步骤（如有）	
评论意见	

---

① IPCC 国家温室气体清单指南（2006），表4.9

数据／参数	A_i
数据单位	hm^2
应用的方程编号	（20）
描述	碳层 i 伐区面积
数据源	大地坐标和/或遥感数据和/或法律文书记录
测定步骤（如有）	
评论意见	事先设定前提是，伐区边界和碳层区域面积不随时间发生改变。

数据／参数	$A_{1,i,p}$
数据单位	hm^2
应用的方程编号	（11）
描述	1 年前采伐的碳层 i 伐区 p 的面积
数据源	大地坐标，GIS 文档或法律文书记录
测定步骤（如有）	
评论意见	

数据／参数	$A_{2-10,i,p}$
数据单位	hm^2
应用的方程编号	（12）
描述	在 2 年到 10 年前采伐的碳层 i 伐区 p 面积
数据源	大地坐标，GIS 文档或法律文书记录
测定步骤（如有）	
评论意见	

数据／参数	$A_{11-20,i,p}$
数据单位	hm^2
应用的方程编号	（13）
描述	11 到 20 年前采伐的碳层 i 伐区 p 面积
数据源	大地坐标，GIS 文档或地块法律文书记录
测定步骤（如有）	
评论意见	

数据／参数	A_{i,p,t^*}
数据单位	hm^2
应用的方程编号	（14）
描述	截至到 t^* 时间，碳层 i 伐区 p 累加的采伐面积
数据源	大地坐标，GIS 文档或地块法律文书记录
测定步骤（如有）	
评论意见	

数据／参数	A_{sp}
数据单位	hm^2
应用的方程编号	（2），（19）
描述	样地 sp 面积
数据源	样地大小(面积)的记录和档案
测定步骤（如有）	必须使用森林木材调查中样地设置标准程序(参阅方框 3 中的举例程序)
评论意见	必须事先确定样地大小并记录在监测计划中。

9.2　需要监测的数据和参数

除了以下表格所列的参数外，在本方法学提到的有关工具中不需要监测的数据和参数的条文也是适宜的。在选择重要参数或依据那些不是特指项目情况的资料而做出重要假设时，例如使用现有的出版数据，在此情况下，项目业主必须持保守的方式，即，假如一个参数的不同值都貌似可信，就要选择不至于导致过高估计减排量的参数。

数据／参数	参与式乡村评估得到的非法采伐结果
数据单位	
应用的方程编号	用于 8.2.2.2a
描述	
数据源	参与式乡村评估（PRA）
测定步骤 （如有）	参与式乡村评估必须评估项目区是否将发生非法采伐。评估方式由半结构访谈和问卷两部分组成。 如果 ≥ 10% 的这些访谈和调查结果认为，在项目边界内或许会出现非法采伐。那么就必须开展小规模的非法采伐调查。

(续)

测定步骤 (如有)	参与式乡村评估的另外一个结论是非法采伐侵入深度。要设定为采伐木材为目的，从各种入口处(例如道路、河流和已经皆伐过空旷地区)侵入到林区的最长距离。 参与式乡村评估的另外一个产出必须是非法采伐压力的侵入深度。 要设定为采伐木材为目的，从各种入口处(例如道路、河流和已经皆伐过的地区)侵入到林区的最长距离。
监测频率	每 2 年一次
QA/QC 程序	
评论意见	必须对该项目相关的非法采伐进行事先评价。如果认为在项目边界内非法采伐的可能性为零，并且机构、人员和政策都在阻止滥砍滥伐行为情况下则这个参数可以设置为零。

数据／参数	小规模非法采伐调查的结果
数据单位	
应用的方程编号	用于 8.2.2.2b
描述	
数据源	小规模非法采伐地面调查
测定步骤 (如有)	抽样的做法是，通过调查盗伐者进入整个入口缓冲区的已知长度和宽度，选择多条样带，检查是否有新的采伐伐桩出现。整个入口缓冲区面积至少是碳层 i 中非法采伐可能造成影响区域面积($A_{DIST\_IL,i}$)的 1%，hm^2。
监测频率	每次参与式乡村评估结果表明有非法采伐的现象时，必须重复监测。
QA/QC 程序	
评论意见	就项目本身而言，事先必须对非法采伐进行评价。如果认为在项目边界内非法采伐的可能性为零，并且机构、人员和政策防止滥砍滥伐都到位的情况下则这个参数可以设置为 0。

数据／参数	$A_{burn,i,t}$
数据单位	hm^2
应用的方程编号	(21)
描述	t 时间碳层 i 过火面积

（续）

数据源	大地坐标和/或遥感数据
测定步骤（如有）	不适用
监测频率	至少每隔 5 年监测一次过火面积
QA/QC 程序	必须执行森林资源调查中的质量保证和控制（QA/QC）程序，包括运用野外数据采集和数据管理。使用已经在国家森林监测中使用的标准作业程序。也可以使用已经出版发行的手册或者建议使用 2003 IPCC 土地利用、土地利用变化和林业良好做法指南（IPCC GPG LULUCF 2003）。
评论意见	事先估算过火面积须根据项目区发生火灾的历史数据。

数据／参数	$A_{dist,i,t}$
数据单位	hm^2
应用的方程编号	（23）
描述	t 时间碳层 i 受干扰面积
数据源	大地坐标和/或遥感数据
测定步骤（如有）	不适用
监测频率	至少每 5 年对干扰区域进行监测
QA/QC 程序	必须执行森林资源勘查中的质量保证和控制（QA/QC）程序，包括运用野外数据采集和数据管理。使用已经在国家森林监测中使用的标准作业程序。也可以使用已经出版发行的手册或者建议使用 2003 IPCC 土地利用、土地利用变化和林业良好做法指南（IPCC GPG LULUCF 2003）。
评论意见	基于项目地区历史上发生的自然干扰的实际情况对项目受干扰面积进行事先估计。

数据／参数	$A_{DIST\_IL,i}$
数据单位	hm^2
应用的方程编号	（24）
描述	碳层 i 中可能发生非法采伐的面积
数据源	GIS 图面数据和地面核查
测定步骤（如有）	$A_{DIST\_IL,i}$ 必须由全部进入处的缓冲区构成（进入口缓冲），例如道路、河流、过去采伐后留下的空地。缓冲区宽度是由退化侵入区的纵深决定的，要符合参与式乡村评估中的要求。
监测频率	参与式乡村评估的结果表明有退化现象时，必须重复一次监测。

（续）

QA/QC 程序	
评论意见	可以使用事先的小面积调查来判断非法采伐可能的纵深

数据／参数	$C_{DIST\_IL,i,t\,|\,PRJ}$
数据单位	tCO_2e
应用的方程编号	（24），（25）
描述	t 年时碳层 i 被非法采伐林木地上生物质碳储量
数据源	样地外业调查
测定步骤 （如有）	设计抽样计划时，要求缓冲区内的样地要系统布设，以达到缓冲区面积（$A_{DIST\_IL,i}$）的 3%。必须测量全部伐桩的直径。保守地设定与采伐木胸径是同样的数值。如果伐桩很粗大，要测定该伐桩旁边同类树种的几株树，得到地面同一高度上胸径与伐桩的直径之比。这个比率将会被用来将被测量伐桩直径（非法采伐留下的）估算被其可能胸径。 使用项目情景下所选择的森林生长部分的"材积方程或生物量方程"，估算出被采伐林木地上生物质碳储量。 被采伐林木平均地上生物质碳储量可以保守地估计为总排放量，并视为都进入到了大气中。
监测频率	每出现一次非法采伐现象都要重复对 A_{DIST_IL} 实施小面积抽样调查。
QA/QC 程序	必须执行森林资源调查中的质量保证和控制（QA/QC）程序，包括运用野外数据采集和数据管理。使用已经使用在国家森林监测中的标准作业程序。也可以使用已经出版发行的手册或者建议使用 IPCC GPG LULUCF 2003。
评论意见	如果使用特指树种的公式和不能以伐桩来甄别树种，则可以假定为被采伐的树种是采伐中最常见的树种。通过参与式乡村评估来确定最常见的树种。

数据／参数	AP_i
数据单位	hm^2
应用的方程编号	（24）
描述	碳层 i 非法采伐样地总面积
数据源	地面测量
测定步骤 （如有）	设计抽样计划时，要求缓冲区的内的样地要系统布设，以确保样地面积至少达到缓冲面积（$A_{DIST\_IL,i}$）的 3%。
监测频率	不超过 5 年

（续）

QA/QC程序	必须执行森林资源调查中的质量保证和控制（QA/QC）程序，包括运用野外数据采集和数据管理。使用已经使用在国家森林监测中的标准作业程序。也可以使用已经出版发行的手册或者建议使用 IPCC GPG LULUCF 2003。
评论意见	事先应该测算出样地的面积。样地面积应该达到缓冲区域面积（$A_{DIST\_IL,i}$）的3%。

数据／参数	PMP_i
数据单位	%
应用的方程编号	参见8.3.2节，方框图2泄漏系数计算
描述	项目边界内碳层 i 商品材生物量与林木地上生物总量的比例。
数据源	每个碳层，累加所有商品材生物量（定义为胸径15cm及以上林木总生物量），除以林木地上总生物量。
测定步骤（如有）	
监测频率	不超过5年
QA/QC程序	必须执行森林资源调查中的质量保证和控制（QA/QC）程序，包括运用野外数据采集和数据管理。使用已经使用在国内森林监测中的标准作业程序。也可以使用已经出版发行的手册或者建议使用 IPCC GPG LULUCF 2003。
评论意见	事先须对这个因子做一个时间起点的测量。 木材采伐计划设定了允许的平均采伐量，它是根据森林调查计算的商品材出材量（$V_{j,il\ BSL}$）和法律规定确定的。

数据／参数	A_i
数据单位	hm^2
应用的方程编号	（20）
描述	碳层 i 森林面积
数据源	大地坐标和/或遥感数据，和/或林地地块法律文件记载
测定步骤（如有）	
监测频率	
QA/QC程序	
评论意见	基线情景下碳层面积须始终保持不变。 在项目情景下，事先必须假设林分边界和碳层面积，自始至终不能改变。如果项目计入期出现了意外的干扰，严重地影响了一个碳层的不同部分，那么项目情景下的碳层或许需要进行事后调整。为达到监测碳储量变化的目的，对于这种干扰要划定一个单独的碳层。

9.3 监测计划

本方法学要求必须监测以下参数：

(1)非法采伐的参与式乡村评估(PRA)；

(2)小规模非法采伐调查的结果；

(3)t 时间碳层 i 过火面积($A_{burn,i,t}$)；

(4)碳层 i 中可能遭受非法采伐影响的面积($A_{DIST\_IL,i}$)；

(5)碳层 i 中非法采伐调查样地总面积 (AP_i)；

(6)碳层 i 商品材生物量占总林木地上生物量的比例(PMP_i)；

(7)碳层 i 面积 (A_i)；

(8)胸径(DBH)。

每一次核证都必须要求提供这些参数并用于公式(20)、公式(21)和公式(23)中。

9.3.1 监测范围和监测计划

监测工作要求做到：

(1)确定项目活动造成的森林碳储量变化量和温室气体排放量；

(2)核实项目活动；

(3)确定来自干扰和非法采伐的森林碳储量变化量和温室气体排放量。

对于某些项目来说，监测中需要对碳层进行更新。

要求 VCS-PD 文件中的监测计划须描述如何实施项目监测，如何监测项目活动引起的实际碳储量变化量，如何事后估算干扰和非法采伐引起的温室气体排放量。

VCS-PD 文件中的监测计划应包括以下监测任务：

(1)监测任务的技术说明文件；

(2)需要收集到的数据和参数清单；

(3)数据收集程序的综述；

(4)质量控制和质量保证程序；

(5)数据档案管理；

(6)监测的组织机构和各方在上述监测工作中责任。

9.3.2 总的监测要求

作为监测一部分，采集的全部数据必须做成电子文件归档并保存到项目计入期结束 2 年以后。全部测量要按照相关标准进行。

存档的数据必须备有电子和纸质两种格式。并且向每个项目参与方提供全部数据的备份件。

全部电子数据和报告文档都需要复制刻录在如CD盘等耐用介质上并复制多份CD，存放在多个地点。

存档的文件必须包括：

（1）全部野外调查数据、实验室数据和数据分析的电子表格；

（2）全部碳库碳储量变化量和非CO_2温室气体排放量估计值以及相应计算的电子表格；

（3）GIS图表数据；

（4）测量报告和监测报告的备份件。

9.3.3 项目实施情况的监测

VCS-PD必须提供和记载使下列各项都成立的信息：

（1）所有地块必须记录它们项目边界的地理位置；

（2）建立、记录和存档项目边界的地理坐标（包括边界内分层的地理坐标）。它可以使用野外实地调查（如使用大地坐标系），或者使用地理坐标参考空间数据（如地图、GIS数据库、航空照片、或者地理校准的遥感图像）；

（3）采用普遍接受的森林调查和管理的原则；

（4）使用标准操作程序（SOPs）和森林调查（包括野外数据采集和数据管理）的质量保证和控制（QA/QC）程序。使用已经使用在国内森林监测中的标准操作程序。也可以使用已经出版发行的手册或者建议使用IPCC GPG LULUCF 2003；

（5）在需要时必须可以获得项目计划和项目期内计划实际执行情况的记录，用于审定和核证。

9.3.4 分层

本方法学要求，在项目情景要对项目区进行事先碳层划分，这在VCS-PD文件的木材采伐计划中给予描述。也可以由项目业主通过对项目区的抽样调查进行分层。

由于以下原因需要对碳层进行更新，因此监测计划可以包括抽样，用于调整事前分层的数目和边界。

（1）在项目计入期内发生了意想不到的干扰，影响到一个原本相对均匀的碳层的不同部分；

（2）或实施中的森林经营活动方式影响到现有的项目情景分层。

如果划分碳层的原因已经不存在，那么可以合并已经划分的碳层。

9.3.5　实际碳储量变化量的监测

碳储量需要按照本方法学中的碳储量计算公式和森林调查中的外业抽样方法进行测定。目前有各种渠道，可用来帮助设计一个可核查的基于最佳的抽样实践、数据管理和分析（参见框图3）的森林外业调查方案。

在 VCS-PD 文件中必须详细介绍项目区调查计划，内容包括：

（1）恰当的森林分层、样地数量计算方法和对不确定性的考虑；

（2）一个包含样地数量、样地大小、样地形状和样地位置等抽样设计方案。

关于确定样地数量和各碳层样地数量分配方面，本方法学使用经过 CDM 执行理事会批准的最新版的工具："CDM 造林再造林项目活动监测样地数量的计算工具①。"

在每一次监测中，采用样地调查方法，估算出在过去的时间里发生的碳储量变化量。必须每隔5年做一次监测，最好3年做一次。在监测的中间年份，最好是使用趋势外推法进行推算。监测报告中可以用外推法参数值来计算项目净排放量和碳汇量。

抽样设计将由碳层的数目以及基线情景木材采伐活动来决定。

9.3.6　保守性原则和不确定性分析

项目业主在应用相关公式，事先计算净碳汇量时要慎重。此外，提供用于项目计入期内进行监测的参数的估算值要透明，这些估算值必须尽可能基于已经测得的或现有公布数据。项目业主应该持一种保守性的态度，即，假如一个参数的不同值都貌似可信，就要选择那个不至于导致过高估计项目净碳汇量的参数。

对于基线情景和项目情景，都要求对监测中涉及到的面积变化、碳储量变化和排放量变化的所有估计值进行不确定性分析。

① http：//cdm. unfccc. int/methodologies/ARmethodologies/approved_ ar. html

框图 3. 用于森林野外调查方案设计的资料

IPCC 土地利用、土地利用变化和林业优良做法指南（IPCC 2003）

http：//www. ipcc-nggip. iges. or. jp/public/gpglulucf/gpglulucf. html

土地利用变化和林业项目原始文件集（Pearson et al. 2005）

http：//www. winrock. org/feature_ ecosystem_ 200802. asp

森林碳汇测量指南（Pearson et al. 2007）

http：//www. nrs. fs. fed. us/pubs/3292

森林碳汇监测中的外业测量：一种景观尺度的方法（Hoover. 2008）

温洛克抽样计算器

http：//www. winrock. org/Ecosystems/tools. asp？BU = 9086

CDM 造林/再造林方法学工具"CDM 造林再造林项目活动监测样地数量的计算工具"
（版本：02）

http：//cdm. unfccc. int/methodologies/ARmethodologies/approved_ ar. html

加利福利亚气候行动储备组织，森林项目协议（版本：2）2009

http：//www. climateactionreserve. org/how-it-works/protocols/adopted-protocols/forest/forest-project-protocol-update/

美国各种森林类型的生态系统和采伐木碳的评估标准中的碳计量方法。（Smith et al. 2006）

http：//nrs. fs. fed. us/pubs/8192

林业和农林项目中的碳储量监测指南（MacDicken. 1997）

http：//www. winrock. org/fnrm/publications. asp？BU = 9058

10. 其他参考资料和信息

无。

本方法学版本更新历史记录

版本	日期	说明
v1.0	2011.2.11	发布首个版本
v1.1	2011.11.10	更新： (1)进一步澄清公式(7)中参数 $C_{EX,i,k \mid BSL}$ 是，基线情景下，碳层 i，k 类木质林产品的平均单位面积商品材采伐量碳储量； (2)对8.2.1.2节做了澄清说明：只有基线情景中要采伐的单株树、树种和碳层才能够用来模拟计算项目情景下森林继续生长部分。 (3)修改了公式(21)，并澄清项目情景下温室气体排放量是：干扰排放量之和减去森林生长引起的林木地上生物质碳储量年变化量。 (4)明确了参数 $BECF_R$ 单位为 $t \cdot m^{-3}$。
v1.2	2013.3.27	更新： 本方法学为了遵循 VCS AFOLU 要求(版本3.2)中的第4.5.3节规定进行了更新。它要求各方法学中设定各种标准和程序，从而可靠地建立基线情景下碳损失的模式。特别是，本方法学新增了计量枯死木库中的10年期的线性衰减、采伐剩余物和短寿命木材产品库的立刻释放以及中期木材产品库的一个20年期线性衰减的计量方法。